基于RAMSN理论的
核安全级DCS故障诊断设计

江国进 编著

清华大学出版社
北 京

内容简介

本书是关于核电厂核安全级数字化仪控系统(简称核安全级 DCS)关键故障识别、故障诊断措施设计的著作,主要专注于故障诊断技术在核安全级 DCS 产品研发与工程实施上的应用,目的在于将故障诊断技术在我国核安全级 DCS 自主化过程中的最佳实践进行归纳、总结和推广。

本书基于核安全级 DCS 的产品特点,首先从故障分析展开,以 RAMSN 理论与安全模型为基础,阐述了如何利用 FMEA 技术识别核安全级 DCS 的关键故障模式,接下来遵循故障诊断理论方法,结合核安全级 DCS 自主化研发过程中的经验教训,给出了系统化的故障诊断设计方法,以阳江核电厂 5 号机组反应堆保护系统为例,详细描述了核安全级 DCS 产品自诊断功能和应用自诊断功能的设计实现过程,并以典型控制站样机作为对象开展了故障插入测试。测试结果表明,本书提出的一整套故障诊断设计方法切实可行,可用以指导自主知识产权核安全级 DCS 的故障诊断设计。

本书可供核电厂数字化仪控系统产品研发人员、核电厂仪控系统运行人员、自动化行业从业人员、自动化专业的高校教师与学生参考。

图书在版编目(CIP)数据

基于 RAMSN 理论的核安全级 DCS 故障诊断设计/江国进编著.—北京:清华大学出版社,2021.9

ISBN 978-7-302-57197-1

Ⅰ. ①基… Ⅱ. ①江… Ⅲ. ①核电厂-自动控制系统-故障诊断-研究 Ⅳ. ①TM623.7

中国版本图书馆 CIP 数据核字(2020)第 262449 号

责任编辑: 王 欣 赵从棉
封面设计: 常雪影
责任校对: 赵丽敏
责任印制: 宋 林

出版发行: 清华大学出版社
网 址: http://www.tup.com.cn, http://www.wqbook.com
地 址: 北京清华大学学研大厦 A 座 **邮 编:** 100084
社 总 机: 010-62770175 **邮 购:** 010-62786544
投稿与读者服务: 010-62776969, c-service@tup.tsinghua.edu.cn
质量反馈: 010-62772015, zhiliang@tup.tsinghua.edu.cn
印 装 者: 涿州市京南印刷厂
经 销: 全国新华书店
开 本: 170mm×240mm **印 张:** 9.75 **字 数:** 192 千字
版 次: 2021 年 10 月第 1 版 **印 次:** 2021 年 10 月第 1 次印刷
定 价: 58.00 元

产品编号:090533-01

编著者名单

主要编著者：江国进　李　富　莫昌瑜

参与编著者（按姓氏笔画排序）：

马光强　马建新　马朝阳　王静伟　左　新　石桂连　白　涛
吕秀红　孙永滨　孙星星　李　乐　李　刚　李　周　李明利
李冠宁　杨文宇　吴　彬　吴　瑶　张春雷　张智慧　首云旭
贾虎军　高　超　蒋起镔　程　康　程维珍

前言

设备故障诊断始于20世纪20年代，第二次世界大战后获得迅速发展。20世纪60年代是故障诊断的初始阶段，随后经历了机内测试、中央诊断系统，现在已发展到智能诊断与预测阶段。故障诊断技术也由原来的航空、军工领域应用为主推广到了各行各业，目前所有的高可靠性装备领域，故障诊断均为不可或缺的关键功能，在核电领域更是如此。

在核电领域，核安全级DCS是核电厂的“神经中枢”，它实时监视着核电厂反应堆的运行状况，当出现异常工况时，核安全级DCS会在规定的响应时间内将保护指令发往核电厂安全保护设备，使其执行紧急停堆和专用安全功能，确保核电厂的安全完整性。因此，核安全级DCS的正常与否直接关系到核电厂的安全性和经济性。为了避免因核安全级DCS的自身故障造成核电厂无法执行保护功能或误停堆，它必须具备很强的故障诊断能力，所有与安全功能相关的故障必须被识别、诊断、报警与处理，可以说故障诊断是核安全级DCS的核心能力，故障诊断设计能力是核安全级DCS供应商的核心竞争力。

核安全级DCS是核电厂的核心关键技术，长期被国外垄断。作为我国首个自主知识产权的核安全级DCS，北京广利核系统工程有限公司（简称广利核公司）和睦系统成功研发与得到商业应用后，标志着我国成为全球第4个掌握此项技术的国家。广利核公司在研发和睦系统的过程中，形成了核安全级DCS十大关键技术成果，其中故障诊断技术就是其中之一。本书充分总结了广利核公司在研究核安全级DCS故障诊断技术过程中积累的经验与教训，从RAMSN理论与安全模型出发，系统、详细地阐述了核安全级DCS故障诊断需求、设计与验证方法，具备较强的可实施性。本书提供的技术内容丰富完整、结构清晰，从产品研发生命周期角度给出了切实可行的核安全级DCS故障诊断解决方案，以帮助读者了解、熟悉核安全级DCS故障诊断功能的正向设计理论方法，适合作为核安全级DCS产品研发人员、运行维护人员和用户的技术参考资料。

在本书的编写过程中，我们得到了广利核公司各专业同事的大力支持，其中，李明利、吴彬、王静伟、孙星星、马光强、李乐、李冠宁、马朝阳、贾虎军参与了各章节的编写，左新、石桂连、马建新、李刚、程康进行了审阅，在此对各位同事表示衷心的感谢。

另外，在编写过程中，参考了大量国内外技术资料、学术及学位论文，在此向原作者表示衷心的感谢。

由于编者水平有限，书中难免有错误和疏漏之处，恳请各位读者、专家批评指正。

编　者

2021年6月

目录

1 绪论 …… 1

1.1 核电发展机遇与核安全 …… 1
1.2 核安全级 DCS 概述 …… 2
1.2.1 核电 DCS …… 2
1.2.2 核安全级 DCS 的发展过程 …… 3
1.2.3 核安全级 DCS 的原理与架构 …… 4
1.2.4 核安全级 DCS 的作用与价值 …… 7
1.2.5 核安全级 DCS 的国产化需求 …… 7
1.3 RAMSN 特性 …… 8
1.4 故障诊断的基本概念 …… 9
1.4.1 故障 …… 9
1.4.2 故障诊断 …… 10
1.5 故障诊断发展过程 …… 11
1.6 故障诊断对核安全级 DCS 的重要性 …… 12
1.6.1 核安全级 DCS 关键故障的危害 …… 12
1.6.2 核安全级 DCS 故障诊断的意义 …… 12

2 RAMSN 理论与安全模型 …… 14

2.1 核安全级 DCS 面临的 RAMSN 技术问题 …… 14
2.2 RAMSN 理论体系 …… 15
2.3 RAMSN 安全模型 …… 17
2.4 基于 RAMSN 理论与安全模型的故障诊断设计 …… 20

3 核安全级 DCS 故障分析 …… 21

3.1 故障模式识别方法 …… 21
3.1.1 FMEA 概述 …… 21
3.1.2 FMEA 方法介绍 …… 22
3.1.3 FMEA 计划阶段 …… 22
3.1.4 执行 FMEA …… 28
3.1.5 关键性分析方法 …… 32
3.1.6 FMEA 分析实例 …… 38
3.1.7 不同类型 FMEA 的特点 …… 40
3.2 核安全级 DCS 故障模式分级 …… 45
3.2.1 故障模式分类 …… 45
3.2.2 故障模式分级 …… 46

4 核安全级 DCS 故障诊断需求 …… 47

4.1 需求的重要性 …… 47
4.2 核安全级 DCS 需求开发方法 …… 48
4.2.1 计划阶段 …… 48
4.2.2 需求收集阶段 …… 48
4.2.3 需求分析阶段 …… 50
4.2.4 需求组织阶段 …… 51
4.2.5 需求验证阶段 …… 51
4.3 核安全级 DCS 故障诊断需求 …… 51
4.3.1 故障诊断范围 …… 51
4.3.2 故障诊断措施 …… 54
4.3.3 诊断覆盖率与诊断周期 …… 56
4.3.4 报警指示 …… 57

5 核安全级 DCS 故障诊断方案设计 …… 58

5.1 故障诊断总体技术路线 …… 58
5.1.1 故障诊断功能设计基准 …… 59
5.1.2 故障诊断功能设计 …… 60
5.1.3 核安全级 DCS 故障诊断详细设计依据 …… 62
5.2 核安全级 DCS 平台诊断措施方案 …… 64
5.2.1 I/O 诊断措施设计 …… 64
5.2.2 处理单元诊断措施设计 …… 65

5.2.3 通信诊断措施设计 …… 69
5.3 核安全级 DCS 故障诊断信息存储与传输 …… 72
5.3.1 故障诊断信息存储 …… 72
5.3.2 故障诊断信息传输 …… 72

6 核安全级 DCS 故障诊断验证 …… 74

6.1 故障插入测试目的与内容 …… 74
6.2 故障插入测试方法 …… 75
6.2.1 系统总体故障 …… 76
6.2.2 工程应用设计故障 …… 76
6.2.3 单产品故障 …… 76
6.2.4 故障注入后系统状态确认 …… 77

7 典型核安全级 DCS 故障诊断方案 …… 79

7.1 阳江 5 号机 RPS 平台和系统架构 …… 79
7.2 阳江 5 号机 RPS 控制站故障分析 …… 82
7.3 阳江 5 号机 RPS 控制站故障诊断需求 …… 86
7.4 阳江 5 号机 RPS 控制站故障诊断功能设计 …… 90
7.5 平台故障诊断方案设计 …… 90
7.5.1 和睦系统 I/O 单元诊断措施方案设计 …… 90
7.5.2 和睦系统处理单元诊断措施方案设计 …… 98
7.5.3 和睦系统故障通信诊断方案 …… 111
7.5.4 和睦系统故障诊断信息存储方案设计 …… 120
7.6 应用系统故障诊断方案设计 …… 123
7.6.1 阳江 5 号机 RPS 诊断信息传输总体方案 …… 123
7.6.2 阳江 5 号机 RPS 故障诊断信息上报 …… 124
7.6.3 阳江 5 号机 RPS 报警指示方案 …… 125
7.7 故障插入测试验证 …… 137

参考文献 …… 139

1 绪　论

1.1 核电发展机遇与核安全

我国是世界最大的能源消费国，煤炭消费量占全世界煤炭消费量的 50%，占全国一次能源消费总额的 60%。改革开放 40 多年来，以煤炭和石油为主的化石能源为我国经济发展做出了不可磨灭的贡献，但也带来了非常明显的高碳效应。根据环保部定期公布的环境统计年报可知，2013 年我国火电厂二氧化硫、氮氧化物和烟(尘)排放量分别为 791.7 万 t、964.6 万 t 和 218.8 万 t，分别占全国总排放量的 38.7%、43.3%和 17.1%。此统计信息表明，火电厂是我国大气污染物的第一排放源。随着经济体量的进一步扩大，高碳效应造成的环境破坏也愈发严重，2013 年我国已有 20 个省市的环境治理投入增速超过了 GDP 增速，若不及时调整能源结构和发展战略，在不远的将来，发展的代价将吞噬以往所有的回报。

为了实现经济可持续发展，我国确定了通过开发和利用清洁能源来逐步替代传统的化石能源的战略方向，而核电作为清洁能源中高效、稳定、清洁、经济的能源，技术的安全性和可靠性相对成熟，已经成为清洁能源的排头兵。中国核电技术自 20 世纪 70 年代起，经过长期持续的发展，取得了举世瞩目的成果：从最初大亚湾核电厂完全引进法国核电技术、国产化率不足 1%的状态，发展到现在阳江 5 号和 6 号机组国产化率超过 85%。根据 WANO(世界核电运营者协会)给出的综合排名，中国在运核电机组的各项指标在全世界处于中上水平，部分核电机组的安全指标处在世界领先地位。而 2015 年 8 月正式开工建设的巴基斯坦卡拉奇核电项目二号机组，意味着华龙一号正式走出国门，标志着我国核电技术发展达到了新的高度——我国成为具备独立出口第三代核电技术能力的国家。

发展核电是我国满足电力需求的必由之路，是我国能源发展的重大战略举措。国家发展改革委员会、国家能源局于 2016 年 12 月 26 日发布了《能源发展“十三五”规划》，规划明确提出：到 2020 年，我国在建核电机组达到 3000 万 kW 以上，而在运核电机组争取达到 5800 万 kW，显示了我国发展核电的决心。

然而，核电平稳发展的基础是核安全，没有核安全就没有核电，这是全世界核电从业者的共识。核安全是指核设施、核活动、核材料和放射性物质采取必要和充分的监护、保护、预防和缓解等安全措施，防止由于任何技术原因、人为原因或自然灾害造成的事故发生，并最大限度地减少事故情况下的放射性后果，从而保护工作人员、公众和环境免受不当的辐射危害。我国核能行业步入高速发展的阶段，随之而来的则是日益凸显的核安全问题。自人类发展核能与核技术以来，发生了几起重大核安全事故和一些引起全球核行业警惕的重要事件，例如三哩岛核电厂事故、切尔诺贝利事故和福岛核电厂事故。从业主的角度来看，核电厂投资较常规电站大，建设周期长，正式投运后需要长期的运维投入，一旦发生设备故障导致核电厂停运，带来的经济损失非常巨大。此外，外界网络环境复杂，针对关键基础设施的网络攻击越来越多，核电厂本身及其内部设备的防御能力不足，如受到打击同样会造成严重后果。综上所述，核电的放射性风险、经营风险和网络安全风险决定了核电必须具备高安全、高质量特性。

设备的可靠性是核安全最重要的方面之一，核电厂本身是一个大型的复杂工程系统，其完整功能由其内部子系统及设备的正常运行保证，当某一设备发生故障时，核电厂某一功能必将受到影响，核安全会受到直接影响。因此，提高设备的可靠性，能够直接提高核电厂的安全性。

仪控系统是整个核电厂的“神经中枢”，是大型先进压水堆核电厂的关键技术装备，核电厂能够安全可靠运行、持续不断发电，仪控系统是必不可少的一环。随着科技进步、工业化和信息化深度融合，仪控系统已经进入数字化时代，目前全数字化仪控系统已在国内外新建和改造核电厂项目中全面应用。

1.2 核安全级 DCS 概述

1.2.1 核电 DCS

数字化仪控系统是随着计算机技术的发展而不断发展的。数字化仪控系统属于专用计算机系统，主要为嵌入式系统，现已成为工业领域的重要组成部分。20 世纪 60 年代，数字化仪控系统的雏形为直接数字控制，开始在各种工业控制应用场合中出现。到了 70 年代，随着集成电路技术的高速发展，计算机性能提升和价格降低，并得到广泛推广，分布式控制系统(distributed control system，DCS)也应运而生。DCS 是以计算机技术为基础、综合了工业过程控制、网络通信和人机交互技术，具有集中监视显示操作和分散式采集、控制的特点。

在核电领域，核电厂仪表与控制系统已形成了全数字化趋势，新建和改造的核电厂在采购仪表与控制系统时，均选择 DCS 来执行核电厂仪表与控制功能，因此核电厂数字化仪控系统也称为核电 DCS。

以典型的三代先进压水堆机组为例，核电 DCS 主要由计算机化的运行和控制中心系统(operation and control center system)、数据显示和处理系统(data display and processing system)、电厂控制系统(plant control system)、保护和安全监测系统(protection and safety monitoring system)四大部分组成,用于完成核电厂运行工况和事故工况下的监视、控制和保护功能,是保证核电厂安全经济运行的关键装备之一。核电 DCS 根据核电安全分级标准 IEC 61226 可分为核安全级 DCS 和非安全级 DCS。

核安全级 DCS 主要由平台系统和应用系统两大部分组成。DCS 平台是一种基础的、可用于衍生一系列核安全级 DCS 特定应用系统的环境,平台具备各种特定应用系统的共同基本要素,包括:

(1) 一种支持各种特定应用系统的、具有广泛适应性的系统结构;

(2) 一系列用于组成特定应用系统的软硬件功能单元组件;

(3) 一套用于实施应用工程设计的设计工具和基本应用设计库。

应用系统是基于 DCS 平台的基本架构,使用平台设计工具开展工程应用设计,由各种平台软件组件和硬件功能单元组成的、针对某个特定应用的具体工程项目,一般不具备通用性。

保护和安全监测系统属于核安全级,运行和控制中心系统、数据显示和处理系统、电厂控制系统属于非安全级。由于技术要求和经济性要求不同,核安全级 DCS 和非安全级 DCS 一般采用不同安全等级的 DCS 平台实现。

本书主要讨论的是核安全级 DCS 的故障诊断技术。

1.2.2 核安全级 DCS 的发展过程

核安全级 DCS 经历了纯模拟到数字化的重大转变。其发展可分为模拟、模拟与数字混合、全数字化三个阶段。

第一阶段,基于继电器、模拟组合仪表是此阶段的核安全级 DCS 的应用特点,主控室采用显示器或模拟控制操作器进行监视显示,采用按钮或控制开关进行指令操作。保护系统则主要采用继电器加模拟保护通道或磁芯保护技术,少部分保护系统采用了模拟保护通道和数字保护逻辑技术。

核安全级 DCS 发展到第二阶段后,增设了具备信息采集功能的设备,实现了信息获取、监视指示和复杂逻辑运算等功能。如巴基斯坦恰西玛核电厂(3×10^5 kW 压水堆)的控制仪表,就采用了 MCU(微控制器)技术,并且该核电厂的工艺过程由可编程逻辑控制器实现。主控室布局方案体现了良好的人机功效特性,人机界面得到大幅改善。

第三阶段,核安全级 DCS 大规模引入数字化技术,以嵌入式计算机技术为核心,过程自动控制为特点,其功能和性能相比于之前的产品有了质的提升。1996 年,法国首先应用了数字化仪控系统。此阶段与第二阶段的不同之处在于:不仅在电厂辅助设施(balance of plant,BOP)、常规岛采用数字化技术,还在核岛的反应堆保护系统等采用了数字化技术、高级人机接口、光纤网络通信等新发展起来的各项技术,并且进行了综合应用。核电行业内主流的核电厂数字化仪控系统,主要有欧洲(阿海珐、西门子)的 TelepermXS(TXS)与 TelepermXP(TXP)、美国西屋 AP1000 核电系列的代表 Common Q+Ovation。核安全级 DCS 在我国核电厂的应用情况呈现多样化状态(技术路线多、组合多),具体如表 1-1 所示。

表 1-1 核安全全级 DCS 在我国核电厂的多样化应用

技术特点	核电厂	仪控系统
模拟组合仪表+继电器	秦山一期	FOXBORO 公司的 SPEC200
	大亚湾	Baily9020
全数字化仪控系统	田湾 1、2 号机组	安全级:阿海珐 TXS 非安全级:西门子 TXP
	岭澳 3、4 号机组	安全级:阿海珐 TXS 非安全级:西门子 TXP
	防城港 1、2 号机组	安全级:三菱 MELTAC 非安全级:和利时 HOLLiAS-N
	红沿河 1~4 号机组	安全级:三菱 MELTAC 非安全级:和利时 HOLLiAS-N
	红沿河 5、6 号机组	安全级:广利核和睦 非安全级:和利时 HOLLiAS-N
	阳江 1~4 号机组	安全级:三菱 MELTAC 非安全级:和利时 HOLLiAS-N
	阳江 5、6 号机组	安全级:广利核和睦 非安全级:和利时 HOLLiAS-N
	宁德 1~4 号机组	安全级:三菱 MELTAC 非安全级:和利时 HOLLiAS-N
	方家山 1、2 号机组	安全级:英维斯 Tricon 非安全级:FOXBORO I/A
	台山 1、2 号机组	安全级:阿海珐 TXS 非安全级:西门子 TXP
	三门 1、2 号机组	安全级:ABB-COMMON Q 非安全级:艾默生 OVATION
	海阳 1、2 号机组	安全级:ABB-COMMON Q 非安全级:艾默生 OVATION

1.2.3 核安全级 DCS 的原理与架构

与常规的 DCS 类似,核安全级 DCS 通常包含五大部分:现场控制站、工程师站、操作员站、服务器和系统网络。一个典型的核安全级 DCS 体系结构如图 1-1 中虚线框区域所示。

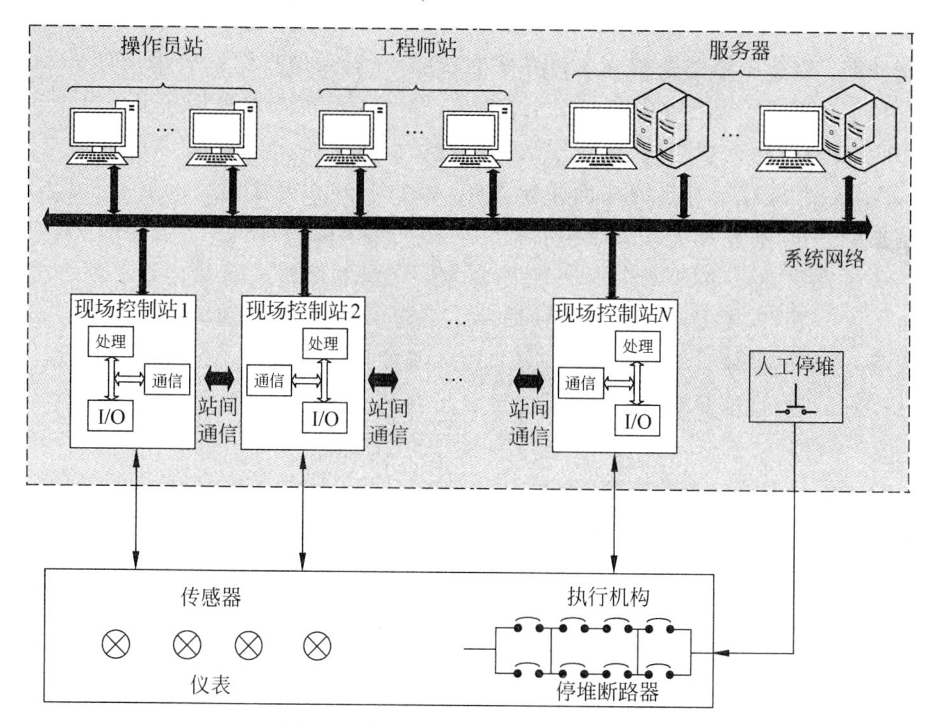

图 1-1 典型核安全级 DCS 体系结构

1）现场控制站

功能：现场控制站是核安全级 DCS 的核心，可以完成系统主要的控制功能。整体系统的性能、可靠性等重要指标也要依赖现场控制站。

配置：现场控制站的硬件都采用专门的核级硬件产品，形态为无包装外壳的印制电路板（printed circuit board assembly，PCBA），称为板卡，板卡插在机箱内，由机箱供电；带有防护外壳的 PCBA 称为模块，模块可根据应用需求灵活安装在机柜内部。在核安全级 DCS 控制站内部，可由一个或几个功能相近的硬件产品组合成功能单元，常见的核安全级 DCS 控制站包含主处理功能单元（MPU）、通信单元（CU）、模拟量采集单元（AI）、数字量采集单元（DI）、模拟量输出单元（AO）和数字量输出单元（DO）。

总线：总线分为并行总线和串行总线。并行总线结构比较复杂，用于连接处理部分和现场部分，很难实现有效的隔离，成本较高，很难方便地实现扩充，因此现场控制站内主要以串行总线为主。串行总线结构简单、成本低，很容易实现隔离，而且容易扩充，可以实现远距离的 I/O 模块连接。目前直接使用现场总线产品进行现场 I/O 模块和主处理模块的连接已很普遍，一般在快速控制系统（控制周期最快可达到 50ms）中，应该采用较高速的现场总线，而在控制速度要求不是很高的系统中可采用较低速的现场总线，这样可以适当降低系统的造价。

2）操作员站

功能：操作员站主要完成人机界面的功能，一般采用桌面型通用计算机系统，对于核安全级DCS，通常会配置安全控制与显示装置，用来监视现场设备及核安全级DCS自身的运行状态，必要时手动控制现场设备。

配置：其配置与常规的桌面系统类似，但要求有大尺寸的显示器和性能较好的图形处理器，有些系统还要求每台操作员站使用多屏幕，以拓宽操作员的观察范围。为了提高画面的显示速度，一般都会为操作员站配置大容量内存。对于安全控制显示装置，需要专门研制满足核质保Ⅰ级要求、抗震Ⅰ类和核级鉴定要求的专用设备，一般的商用计算机则不能使用，因此其使用的CPU、内存等元器件需要专门选型和筛选，性能足够即可，但可靠性要足够高。

3）工程师站

功能：工程师站是核安全级DCS的一个专用功能站，其主要作用是对核安全级DCS进行工程应用组态和运行状态监视。

组态：如何定义一个具体的反应堆保护系统完成什么样的控制，控制的输入和输出是什么，控制回路的算法如何，在控制计算中选取什么样的参数，在系统中设置哪些人机界面来实现人对系统的管理与监控，还有诸如报警、报表及历史数据记录等各个方面功能的定义，所有这些都是组态所要完成的工作。只有完成了正确的组态，一个通用的核安全级DCS才能够成为具体某种核反应堆型及其相应应用功能的可运行系统。组态可分为离线组态和在线组态。

离线组态：组态工作是在系统运行之前进行的，或者说是离线进行的，一旦组态完成，系统就具备了运行能力。当系统在线运行时，工程师站可起到对核安全级DCS本身的运行状态进行监视的作用。它能及时发现系统出现的异常，并及时进行处置。

在线组态：主要是对系统的一些定义进行修改和添加。但对于核安全级DCS，出于安全性考虑，绝大多数应用功能的修改与添加是不允许的，只允许参数整定、变量强制有限使用。

4）系统网络

系统网络是连接系统各个站的桥梁。由于核安全级DCS是由各个不同功能的站组成的，这些站之间必须实现有效的数据传输，以实现系统总体的功能，因此系统网络的实时性、可靠性和数据通信能力关系到整个系统的性能，特别是网络的通信规约，关系到网络通信的效率和系统功能的实现，因此都由各个核安全级DCS厂家专门设计实现。

5）服务器

服务器是指管理资源和为用户提供服务的计算机软件，可分为文件服务器、数据库服务器和应用程序服务器，通常以高性能和高可靠性的商用计算机为硬件载体。对于核安全级DCS，服务器的主要作用是存储运行状态数据，为数据监视、趋势分析、异常检测等运维任务服务。需要注意的是，由于核安全法规对于不同级别安全设备的隔离、数据时序有较高要求，因此在安全级应用中，通常不会用服务器与核安全级 DCS 现场控制站直接通信，因为两者属于安全级别不同的设备，通常会部署通信隔离、电气隔离等措施。

1.2.4 核安全级 DCS 的作用与价值

形象地说，DCS（包括核安全级 DCS 与非安全级 DCS）是核电厂的"大脑和神经中枢"，它通过传感器、流量计等"神经元末梢"收集信息，经过控制电缆、网络等"神经系统"传递信息，在处理器即"大脑"中完成复杂计算，再传递到人机接口和神经末梢。

对于核电厂操纵员来说，DCS 是"眼和耳"，可以为操纵员提供精确的、适当的信息，为操纵员在核电厂正常运行、异常运行时人工介入提供依据和手段，因此无论是核安全级 DCS 还是非安全级 DCS，均对核电厂的安全、稳定运行起着至关重要的作用。

在核电厂正常运行时，DCS 自主运行采集与处理功能，使得操纵员有时间监视全厂设备的运行状态，观察核电厂正在发生的情况，以便迅速采取正确的纠正措施。

对于核安全级 DCS 而言，其核心价值则是作为核电厂纵深防御安全体系的重要环节，当核电厂出现异常工况、设备故障或者操纵员误操作等危险事件时，可以及时、准确地执行安全功能，强制停堆和启动专设，以避免出现更加严重的后果。可以说，核安全级 DCS 是所有堆型核电厂必不可少的设备，缺少核安全级 DCS 的堆型方案在现阶段无法通过任何一个国家或核安全组织的审查。

此外，随着科技进步与智能化时代的来临，DCS 的信息采集、运算处理能力越来越强，除了必不可少的安全功能外，核安全级 DCS 将有可能提供额外的针对现场设备及自身的异常检测、状态监测、退化趋势分析、故障预警等智能运维功能，形成新的增长点。

综上，核安全级 DCS 对于核电厂的安全性有必不可少的作用，同时对全生命周期的经济性也有重大潜在价值。

1.2.5 核安全级 DCS 的国产化需求

国内在建的二代改进型压水堆，以及三代先进压水堆机组的非安全级 DCS 已经开始应用我国自主产品，但是还有不少设备采用进口，大多数已建成的核电厂中，采购的数字化仪控系统均来自于国外企业，如表 1-1 所示。

使用国外核电厂仪控系统为我国核电产业的长期安全、稳定发展带来了重大隐患。因为国外系统的价格要远高于同等性能的国产系统。这给我们带来了重要的警示信号，必须实现核电厂关键设备的全面国产化，打破依赖国外技术的局面，对于核电厂数字化仪控系统而言更是如此。因此,全面掌握满足核电厂要求的数字化仪控系统平台自主研发、制造的核心技术,是国家利益的重要保证。

面对国内压水堆核电厂使用的核安全DCS平台多数还依靠进口的局面,目前国家电投、中核、中广核等三大核电集团都在开展核安全级DCS的自主化工作。

核安全级DCS对确保核电厂的安全、经济运行起着至关重要的作用。核安全级DCS由于安全等级、研制成本、质量鉴定、质保审查均为高要求,一直以来只有极少数发达国家掌握此技术,属于我国核电领域自主研发最难攻克的壁垒之一。从样机研制、设备鉴定到实际供货设备的研发、制造、测试和调试,技术团队面临着产品研发周期短、工程应用设计量大、项目管理复杂等诸多挑战。中国广核集团下属的广利核公司经过多年的努力,率先实现了核安全级DCS的自主化,并成功应用于阳江5、6号机组、红沿河5、6号机组、防城港3、4号机组、田湾5、6号机组、石岛湾高温气冷堆示范工程等大型商用核电厂,以及各类工业应用项目。核安全级DCS的大范围商运,填补了我国在核电仪控领域的技术空白,打破了少数发达国家在此领域的垄断状态。

1.3 RAMSN特性

本书所描述的RAMSN,实际意义为广义可靠性,即Reliability(可靠性)、Availability(可用性)、Maintainability(维修性)、Safety(功能安全)和Network Security(网络安全)的首字母组合,具体定义如下。

(1) 可靠性:在规定条件下和规定时间内,产品完成规定功能的能力。

(2) 可用性:有任务需求时,产品能够正常运行的能力。

(3) 维修性:在规定的使用和维护条件下,产品能够保持或恢复至正常运行的能力。

(4) 功能安全:产品所具有的避免人员伤亡、设备毁坏、重大财产损失或环境破坏的能力。

(5) 网络安全:产品所具备的抵御数字化攻击的能力。

RAMSN是集合词汇,综合表述了产品可靠性、可用性、维修性、功能安全和网络安全特性。产品的RAMSN特性,是产品抵御、避免、控制和缓解故障,抵御数字化攻击的能力,现代质量观认为产品的RAMSN特性就是产品质量的综合体现。实现RAMSN特性所需的必要活动统称为RAMSN专业技术活动,按照活动目的可分为RAMSN设计、RAMSN分析和RAMSN评估。RAMSN设计是指识别产品RAMSN需求并进行设计实现;RAMSN分析是指利用可靠性基础理论和FTA、FMEA、马尔科夫等各类可靠性定性定量技术分析产品的RAMSN技术状态;RAMSN评估是指利用可靠性试验、现场数据分析以及一些RAMSN分析方法等手段评估产品的RAMSN技术状态。分析更强调理论分析,而评估更注重的是运行实践结果论证。

核安全级 DCS 作为大型复杂工程系统，其 RAMSN 特性目标的实现是一项系统工程，即 RAMSN 工程纵向涉及核电厂数字化仪控系统的全生命周期(需求开发到运行维护及退役)，横向覆盖了核电工程应用、硬件(包含机械结构)、软件、统计、电磁兼容和力学等学科。只有将这些专业进行有机整合，融入相应的 RAMSN 专业技术活动中，并将这些 RAMSN 专业技术活动合理地安排在核电厂数字化仪控系统生命周期的各个阶段，与主线技术活动充分交互迭代，才能提前识别潜在故障或异常，充分做好避免、控制和消除措施，最大化地产生 RAMSN 收益。研究核安全级 DCS 的 RAMSN 设计、分析和验证技术成为必须攻克的难关。

1.4 故障诊断的基本概念

1.4.1 故障

故障(fault)通常是指设备在规定条件下不能完成其规定功能的一种状态。这种状态往往是由不正确的技术条件、运算逻辑错误、零部件损坏、环境恶化、操作错误等引起的。这种不正常的状态可分以下几种。

(1) 设备在规定的条件下丧失功能。

(2) 设备的某些性能参数达不到设计要求，超出了允许范围。

(3) 设备的某些组件发生磨损、断裂、损坏等，致使设备不能正常工作。

(4) 设备工作失灵，或发生结构性破坏，导致严重事故甚至灾难性事故。

根据故障发生的性质，可将故障分为两类：硬故障和软故障。硬故障指设备硬件损坏引起的故障，如结构件或元件的损伤、变形、断裂等；软故障如系统性能或功能方面的故障。设备故障一般具有以下特性。

(1) 层次性。故障一般可分为系统级、子系统(分机)级、部件(模块)级、元件级等多个层次。高层次的故障可以由低层次故障引起，而低层次故障必定引起高层次故障。故障诊断时可以采用层次诊断模型和层次诊断策略。

(2) 相关性。故障一般不会孤立存在，它们之间通常相互依存和相互影响。一种故障可能对应多种征兆，同样，一种征兆可能对应多种故障。这种故障与征兆之间的复杂关系，给故障诊断带来一定的困难。

(3) 随机性。突发性故障的出现通常都没有规律性，再加上某些信息的模糊性和不确定性，就构成了故障的随机性。

(4) 可预测性。部分电子元器件有典型的失效机理，某些故障在出现之前通常有一定先兆，只要及时捕捉到这些征兆信息，就可以对故障进行预测和防范。

(5) 显隐性。故障发生后，若系统的整体状态会出现明显改变，则这类故障称为显性故障；若故障发生后，系统的整体状态没有变化，若无专门的定期试验措施则无法发现，这类故障称为隐性故障。在核电领域，显性故障通常表现为误动故障，即设备故障后会影响核电厂正常运行，如核安全级 DCS 的数字量输出（digital output，DO）误输出“停堆”信号，这类故障会降低核电厂经济性；隐性故障通常表现为拒动故障，如核安全级 DCS 的 DO 输出通道固定在“不停堆”状态，当现场异常需要停堆时，核安全级 DCS 就呈现拒动状态，这类故障会影响核电厂的安全性。从核安全的角度来看，拒动故障的后果要比误动故障的后果严重，两者权衡时必须优先考虑安全性。

1.4.2 故障诊断

故障诊断（fault diagnosis）就是对设备运行状态和异常情况做出判断。也就是说，在设备没有发生故障之前，要对设备的运行状态进行预测和预报；在设备发生故障后，对故障原因、部位、类型、程度等做出判断，并进行维修决策。故障诊断的任务包括故障检测、故障识别、故障分离与估计、故障评价和决策。故障诊断通常有以下几种分类方法。

（1）根据诊断方式分为功能诊断和性能诊断。功能诊断是检查设备运行功能的正常性，如核安全级 DCS 的 MPU 能否正常执行表决逻辑、通信数据包是否正确，它主要起到故障报警的作用；性能诊断则是监视设备的详细运行状态，例如 MPU 的输入电压、累积运行时间、CPU 温度等，主要用于趋势分析和故障预警。

（2）根据诊断连续性分为定期试验和在线监视。定期试验是按规定的时间间隔进行，一般通过注入各类信号并监视系统的响应，进而判断系统是否存在隐性故障。核安全级 DCS 的定期试验通常在核电厂大修期间进行。在线监视是在系统运行过程中对关键对象进行实时监视，一般用于关键功能单元，例如 CPU 程序顺序监控、内存检测等。在部分文献中，在线监视也称为自诊断。

（3）根据诊断信息获取方式分为直接诊断和间接诊断。设备在运行过程中进行直接诊断是比较困难的，一般都是通过二次的、综合的信息来做出间接诊断。

电子设备故障诊断是一项十分复杂、困难的工作。虽然电子设备的故障几乎与电子技术本身同步发展，但故障诊断技术的发展速度似乎要慢得多。在早期的电子设备故障诊断技术中，其基本方法是依靠一些测试仪表，按照跟踪信号逐点寻迹的思路，借助人的逻辑判断来确定设备的故障所在。这种沿用至今的传统诊断技术在很大程度上与维修人员的实践经验和专业水平有关，基本上没有一套可靠的、科学的、成熟的方法。随着电子工业的发展，人们逐步认识到，对故障诊断问题有必要重新研究，必须把以往的经验提升到理论高度，同时在坚实的理论基础上，系统地发展和完善一套严谨的现代化电子设备故障诊断方法，并结合先进的计算机数据处理技术，实现电子电路故障诊断的自动检测、定位及故障预测。

1.5 故障诊断发展过程

故障诊断技术是 20 世纪 60 年代初开始发展的，伴随着第三次工业革命，人们开始大规模应用工业设备，这些工业设备造价昂贵，生产周期长，因此使用者不愿意在设备出现故障后就直接丢弃，希望通过维修后继续使用。但由于当时并未建立起完善的 RAMSN 技术体系，工业设备的设计与制造并未考虑可靠性与维修性，通常只考虑功能和性能，因此这些工业设备特别容易发生故障，而且故障定位、隔离以及维修更换非常复杂，需要投入大量的人力物力，因此人们期望能够快速地诊断、定位与隔离故障，以便降低维修成本，故障诊断技术便应运而生。

1）原始诊断阶段

原始诊断始于 19 世纪末到 20 世纪中期，这个时期由于设备比较简单，故障主要依靠装备使用专家或维修人员通过感官、经验和简单仪表进行诊断，并排除。这个阶段的诊断方式主要以人工判断为主，维修方式是事后维修，即让设备发生故障停机后再进行修理的一种维修制度。

2）基于故障诊断萌芽阶段

20 世纪初到 60 年代，可靠性和维修性理论开始发展并逐渐推广应用，人们开始意识到故障诊断对于维修性的重要性，并开始对设备进行定期检测，同时针对关键设备设计自诊断功能，并在武器装备上率先应用。如 F-4B 飞机的火控雷达 APG-72 配置了机内测试功能(built in test，BIT)，能够对其电压、电流等参数进行监测，为飞行员提供操作依据。

3）故障诊断功能成熟与扩展

在此阶段，由于传感器技术和动态测试技术的发展，对各种诊断信号和数据的测量变得容易和快捷；计算机和信号处理技术的快速发展，弥补了人类在数据处理和图像显示上的低效率和不足，从而出现了各种状态监测和故障诊断方法。20 世纪 70 年代初期，自诊断功能基本成熟，在参数监测的基础上，增加了自动的故障诊断与定位功能。如 F-15 的火控雷达 APG-63，不仅能够实现在线监视，而且可以进行地洞状态判定与报警。到 20 世纪 80 年代中期，故障诊断功能在各行各业大范围应用，并向中央诊断系统发展，例如，波音、空客等飞机的机载设备均具备自诊断功能，同时在驾驶舱设置了中央状态显示面板。到了 20 世纪 90 年代，大型复杂系统已演变出独立的故障诊断系统，该系统通过分布在各个子系统、设备和关键组件的传感器采集运行状态信息，进行集中的处理和显示。同时中央显示面板升级为中央维护模块，将故障与维修手册进行关联，形成了成熟的中央诊断系统，能够对机械、机电设备进行简单的故障预警与预测。例如，波音 777 飞机的机载维修系统。

4）智能化诊断阶段

这一阶段从20世纪90年代至今。随着微型计算机技术和智能信息处理技术的发展，智能信息处理技术的研究成果应用到故障诊断领域中，以常规信号处理和诊断方法为基础，以智能信息处理技术为核心，构建了智能化故障诊断模型和系统，出现了智能维修系统（intelligent maintenance system，IMS）和远程诊断、远程维修技术，业界开始研究基于装备性能劣化的故障监测、故障预测和智能维修技术。进入21世纪以来，故障诊断的思想和内涵进一步发展，出现了故障预测与健康管理（prognostic and health management，PHM）技术，该技术作为大型复杂装备基于状态的维修和可靠性工程的关键技术，受到美英等国的高度重视。所谓故障预测与健康管理事实上是传统的机内测试（BIT）和状态监控能力的进一步拓展。其显著特点是引入了预测能力，借助这种能力识别和管理故障的发展与变化，确定部件的残余寿命或正常工作时间，规划维修保障，目的是降低使用与保障费用，提高装备系统安全性、可靠性、可用性和任务成功性，实现真正的基于状态的维修和自主式保障。PHM重点是利用先进的传感器及其网络，并借助各种算法和智能模型来诊断、预测、监控与管理装备的状态。对于机械、机电产品，PHM在故障预测方面能够取得良好效果，但对于电子产品的故障预测仍处于探索阶段，需要攻克不少难关，最主要的困难在于电子产品失效机理复杂、退化机制不明朗。现在，PHM系统在各工业领域广泛应用，例如F-35的PHM系统、核电的智能诊断系统等。未来，智能诊断技术成为发展趋势，业界将在基于数据、知识的智能诊断技术方面加大投入并寻求突破。

1.6 故障诊断对核安全级DCS的重要性

1.6.1 核安全级DCS关键故障的危害

由前文可知，核安全级DCS是核电厂的安全守护者，其自身的安全性与可靠性对核电厂非常重要。一旦核安全级DCS出现故障，轻则造成计划外维修，重则造成反应堆停堆，最严重的是丧失安全功能，无法停堆。

所以应尽可能地避免因核安全级DCS元器件性能不稳定导致的突发故障、板卡/模块长期运行自然老化导致的渐进性故障以及在各种不可预见输入信号组合下出现的不适应现象等问题的发生，这就需要对核安全级DCS功能特征和故障隐患进行在线故障诊断，以便快速评价其性能，进一步确定根本原因。

1.6.2 核安全级DCS故障诊断的意义

故障诊断技术是指在系统运行状态或工作状态下，通过各种监测手段判别其工作是否正常。如果不正常，经过分析与判断指出发生了什么故障，便于管理人员维修；或者在故障未发生之前提出可能发生故障的预报，便于管理人员尽早采取措施，避免发生故障(或避免发生重大故障)造成停机停产，给工程带来重大经济损失。这是故障诊断技术的任务，也是发展故障诊断技术的目的。故障诊断是排除设备故障、开展设备维修的基础。它具有以下功能。

(1) 能及时、正确地对各种异常状态做出诊断，预防或消除故障，对系统的运行进行必要的指导，提高系统运行的可靠性、安全性和有效性，从而把故障损失降低到最低水平。

(2) 保证系统发挥最大的设计能力，制定合理的检测维修制度，以便在允许的条件下充分挖掘系统潜力，延长服役期限和使用寿命，降低全寿命周期费用。

(3) 通过检测监视、故障分析和性能评估等为系统结构修改、优化设计、合理制造以及生产过程提供数据和信息。总之，故障诊断既要保证系统的安全可靠运行，又要获得更大的经济效益和社会效益。

对于核安全级 DCS 而言，故障诊断是关键功能之一，通过对自身的软硬件设备的运行状态进行实时监视，核安全级 DCS 在检测到故障发生后能够触发故障处理和相应的报警指示。自诊断功能越强，核安全级 DCS 的诊断覆盖率就越高，故障报警指示越清晰和准确，使得维护人员在执行日常维护和故障维修工作时缩短了故障定位时间，直接提升了核安全级 DCS 的维修性，进而提升其安全性。因此，故障诊断的优劣对核安全级 DCS 本身的 RAMSN 特性，以及核电厂整体的安全性和可用性有重要意义。核电行业相关的标准和技术报告对自诊断功能提出了相应的要求和约束，IEC 61513 要求应充分地探测故障和错误，且提供充分、正确的故障诊断信息；IEC 60880 要求核安全级 DCS 软件要周期性地对系统进行监视；IEC 60671 要求所有可诊断故障必须上报并通知操作员和维护人员。

2 RAMSN理论与安全模型

2.1 核安全级 DCS 面临的 RAMSN 技术问题

对于核安全级 DCS 而言，RAMSN 特性非常重要，持续提升 RAMSN 特性是核安全级 DCS 的首要目标。但这个目标并不容易实现，主要是由于以下难题不容易解决。

(1) 缺乏切实有效的 RAMSN 生命周期安全模型。在我国核电领域，公开发布的标准中只有能源行业标准(NB/T 20281—2014)《核电厂设备可靠性管理导则》，此标准是针对所有核电厂设备的，且只有运行维护阶段，不含产品研发和工程实施阶段。因此我国仪控系统供应商目前无权威有效的 RAMSN 工作管理与指导标准/指南，只能根据自身情况和经验开展 RAMSN 工作。这种情况下，产生了安全生命周期工作不合理的问题：RAMSN 专业技术活动在生命周期过程中的执行时机安排不合理；RAMSN 涉及多个部门、多个专业，资源分配和协同方案制定不合理。从而导致 RAMSN 相关工作不好推进。

(2) 缺乏有效的 RAMSN 技术理论体系来处理 RAMS 专业技术难题。核安全级 DCS 属于复杂工程系统，其所产生的故障往往与核安全级 DCS 的 RAMSN 五大特性均有关系，如果从 RAMSN 的任一单一视角分析和处理这类问题，通常只能达到治标不治本的效果。

(3) 缺乏现场运行数据反馈机制来持续优化 RAMSN 工作。产品或系统的现场运行数据反映了其运行 RAMSN 特性水平，通过对现场运行数据进行统计分析和经验反馈，可以发现工作流程、技术方法等方面的问题，这无论对于主线活动进行优化，还是对 RAMSN 工作进行完善和改进，都有很大的帮助。但目前主流的仪控系统供应商均未建立起有效的现场运行数据反馈机制，基本处于“坏哪改哪”的状态。

上述 3 类问题的根源，在于缺乏一个系统的 RAMSN 体系，对于像核安全级 DCS 这类具有研发周期长、系统庞大复杂、多学科交叉、技术难度大、要求复杂等高新技术特点的大型电子系统，为有效提升 RAMSN 特性，首先必须建立 RAMSN 理论技术体系，使得针对每一个潜在的 RAMSN 问题或任务，均有针对性的技术方法来应对。同时还要有 RAMSN 生命周期安全模型体系，该体系针对 RAMSN 要求制定专项管理计划和策略，并对全生命周期的每一项 RAMSN 技术活动进行管控，才能确保核安全级 DCS 从根本上消除上述问题，最终满足核电 RAMSN 要求。对于 RAMSN 理论技术体系与生命周期安全模型体系，本书统一描述为 RAMSN 理论与安全模型，其中理论代表理论技术体系，安全模型代表生命周期安全模型。

2.2 RAMSN 理论体系

RAMSN 技术理论体系是包括 RAMSN 技术规范和 RAMSN 工作模板的多层次体系，其核心为 RAMSN 活动，要确定哪些 RAMSN 活动需要开展，才能逐步建立起 RAMSN 工作体系。而只有先确定需要满足哪些 RAMSN 特性，才能梳理出需要开展的 RAMSN 活动。因此，本节从通用的 RAMSN 特性体系出发，结合核安全级 DCS 的特点，确定适用于核安全级 DCS 的 RAMSN 特性体系，在此基础上根据"需求—设计(分析)—验证"闭环原理，得出需要开展的 RAMSN 活动。

首先确定核安全级 DCS 的 RAMSN 特性。通用电子产品的特性体系，通常包括可靠性、可用性、维修性、安全性 4 大特性，这 4 个方面还可以进一步往下分解，如图 2-1 所示。

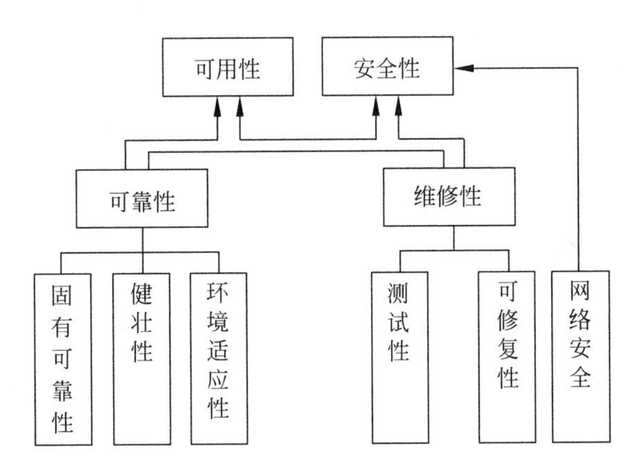

图 2-1 RAMSN 特性体系

核电厂数字化仪控系统的特点为：具有软硬件产品，需要抵御高强度地震；运行环境良好，环境因素重点考虑高温；要具备足够的健壮性，在单故障状态下保证其安全功能完整性，可容忍一定程度的偏移超差；所有影响其安全功能的故障发生后，应能够通过自诊断特性或人工测试检测发现，并能够在 4 小时内恢复；作为核电厂关键系统，其应具备足够的安保特性，能够抵御信息安全攻击以及部分纯物理攻击。

结合上述特点，可进一步确定核电厂数字化仪控系统的 RAMSN 特性，如图 2-2 所示。

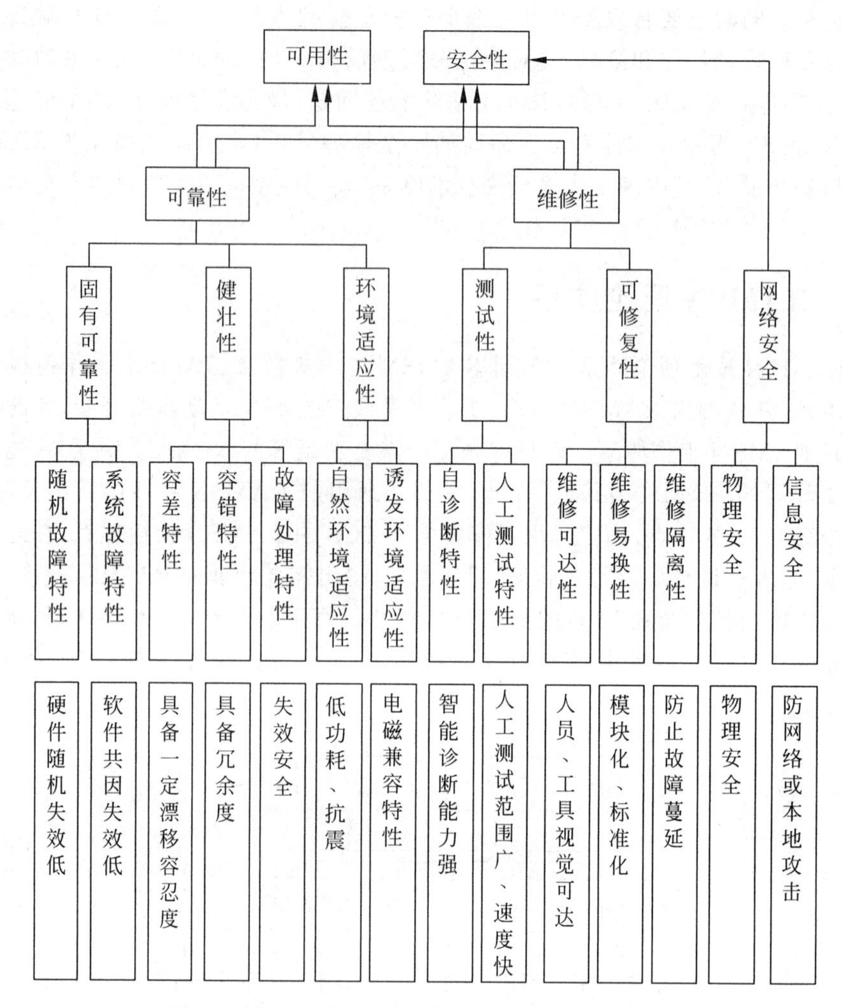

图 2-2　核电厂数字化仪控系统典型 RAMSN 特性

核安全级的 RAMSN 特性不仅包括针对系统整体的，还应包括各个子模块的，否则在研发阶段各个子模块的 RAMSN 活动将无据可依，子模块和系统整体的 RAMSN 特性值将无法满足要求。整体 RAMSN 特性可由法规、标准和技术合同识别，而子模块的 RAMSN 特性则通过 RAMSN 建模分配的方法得到。实际应用中，可根据图 2-2 进行裁剪或增加，确定合适的 RAMSN 特性，并为每一项特性定义清楚具体指标，再通过分配落实到每一个子模块。

接下来，需要根据 RAMSN 活动闭环原理，识别出需要开展的 RAMSN 技术活动。RAMSN 活动闭环原理如图 2-3 所示。

根据每一项需要满足的 RAMSN 特性，应用 RAMSN 闭环原理确定所有的 RAMSN 活动。以网络安全为例，核安全级 DCS 需要开展的网络安全活动如表 2-1 所示。

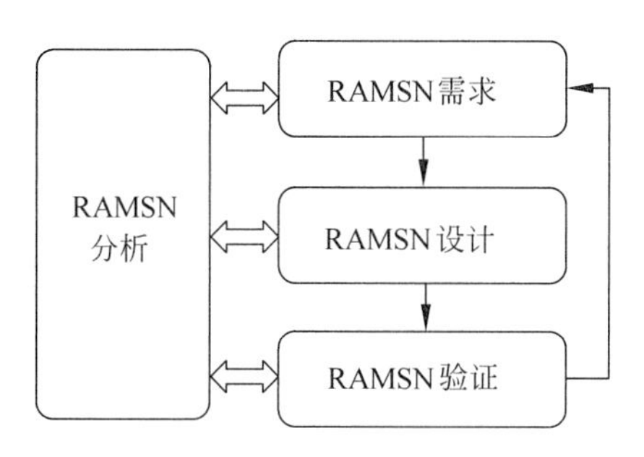

图 2-3 RAMSN 活动闭环原理

表 2-1 网络安全活动识别示例

RAMSN 特性	RAMSN 特性对应活动			
网络安全	攻击树分析	安保需求	安保设计	安保验证

按照此方式，可得到 RAMSN 技术活动体系，如图 2-4 所示。

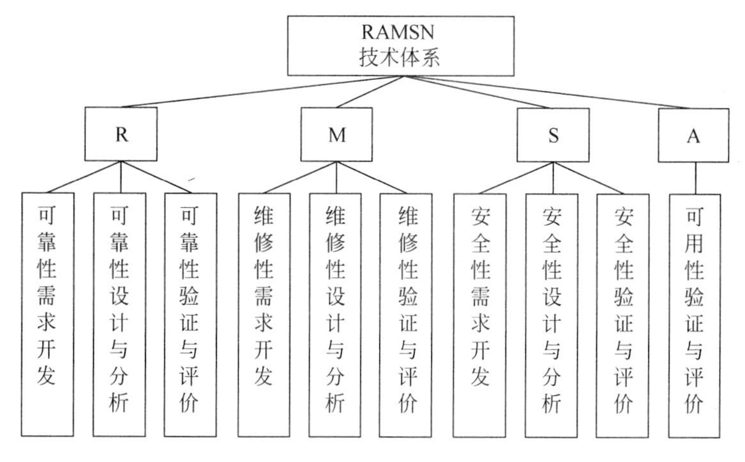

图 2-4 RAMSN 技术活动体系示意图

图 2-4 仅为示意，实际情况会有所区别。

针对每一项 RAMSN 特性识别出相应的 RAMSN 活动之后，即可结合核电厂数字化仪控系统的 RAMSN 生命周期，确定每一项 RAMSN 技术活动与主线活动的交互方式，包括 RAMSN 技术活动开展的先决条件、输入、输出等，同时开发/优化包括工作方法、步骤、完成指标和模板的 RAMSN 技术规范，以指导 RAMSN 具体工作。

2.3 RAMSN 安全模型

核安全级 DCS 的研发与工程应用，通常遵循 V 模型，如图 2-5 所示。V 模型中的活动包括系统安全需求规格的确定、产品设计实现及测试活动。V 模型规定的生命周期阶段按顺序实施，自顶向下的每个阶段在下一个阶段开始前进行验证，并在自底向上的每个测试阶段实施对应的验证和确认。

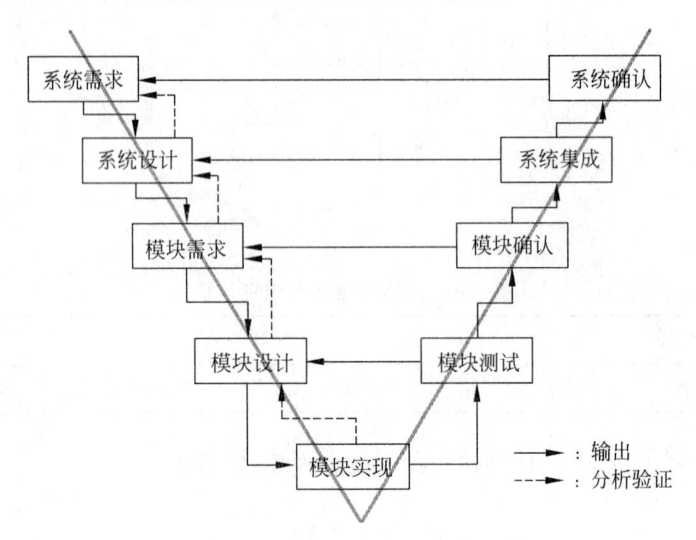

图 2-5 核安全级 DCS 通用研发 V 模型

RAMSN 安全模型建立在 V 模型基础上，通过合理安排各项 RAMSN 活动，在各个生命周期阶段形成以 RAMSN 为主线的 RAMSN 安全生命周期模型，其载体就是 RAMS 工作体系文件，即 RAMSN 活动的指南，如图 2-6 所示。不同类型的文件有不同的作用。RAMSN 大纲程序定义了 RAMSN 活动开展时机、与其他工作的交互方式、执行人、输入信息和输出成果，是管理层文件。RAMSN 技术规范描述 RAMSN 活动的原理、方法和步骤，用以指导和规范 RAMSN 活动的开展，属于指导层文件。RAMSN 工作模板丰富和细化 RAMSN 技术规范，以标准的执行程序、统一的表现形式和具体明确的操作，引导执行人高质量、高效率地完成 RAMSN 活动，属于执行层文件。

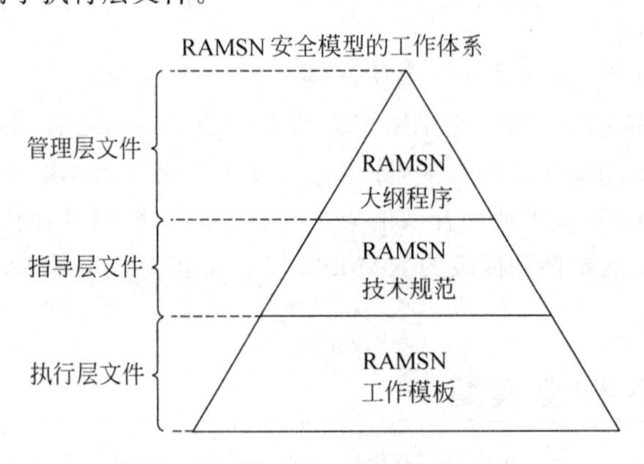

图 2-6 RAMSN 工作体系文件层次

建立RAMSN工作体系文件，需要充分考虑产品的特点，以确保体系文件具有可行性。一般而言，需要通过研究分析，确定需要关注的产品RAMSN特性，进而确定实现这些特性需要开展的RAMSN活动，也就是前文所述的RAMSN理论体系，再根据产品生命周期，将这些RAMSN活动进行合理安排，即形成RAMSN大纲程序，在此基础上结合实践经验逐步建立、优化并完善各项RAMSN技术规范和工作模板，最终形成RAMSN工作体系，如图2-7所示。

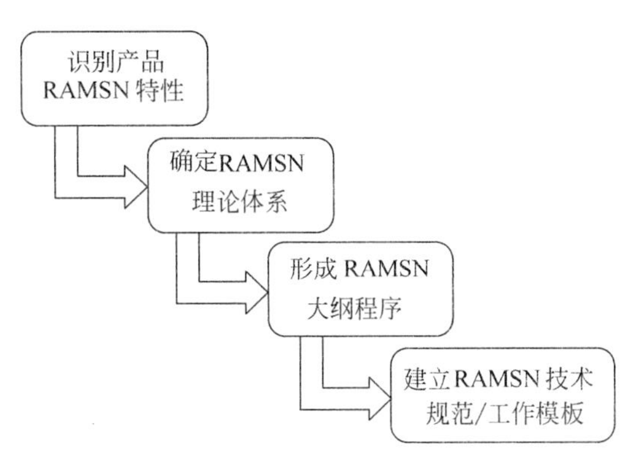

图2-7 RAMSN安全模型的工作体系开发过程

一种典型的核安全级DCS适用的RAMSN安全模型如图2-8所示。其中，比较重要的定量分析工作为：模块平均无故障间隔时间(mean time between failure，MTBF)预计，它是各类量化评估的依据。比较重要的定性分析工作是故障模式影响分析(failure mode effect analysis，FMEA)，此活动是各类措施的制定依据。

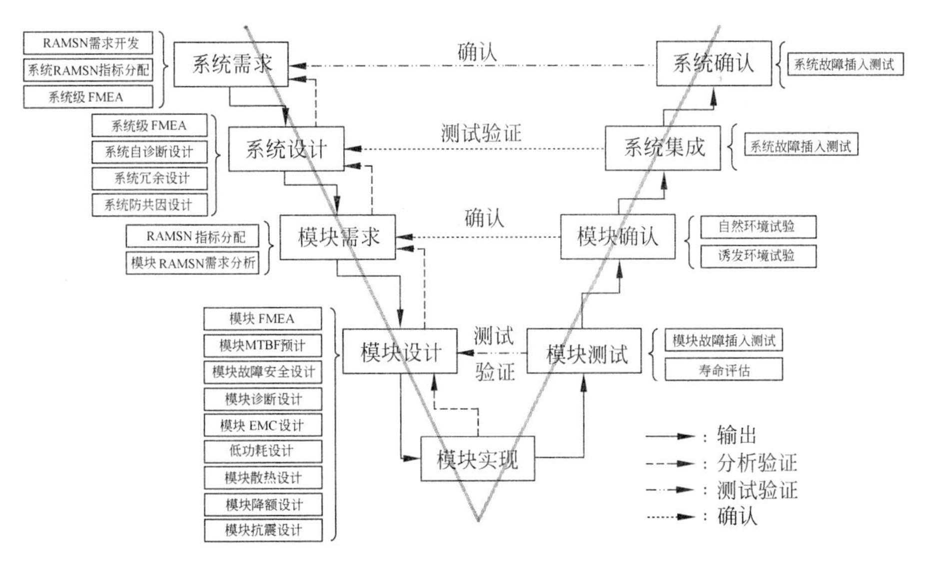

图2-8 一种适用于核安全级DCS的典型RAMSN安全模型

2.4 基于 RAMSN 理论与安全模型的故障诊断设计

RAMSN 理论与安全模型是指导核安全级 DCS 全面提升 RAMSN 特性的重要理论指南，其关注点在于核安全级 DCS 全生命周期的全面质量特性，而本书主要讨论的是核安全级 DCS 故障诊断设计技术，因此 RAMSN 理论与安全模型的详细内容、其他非故障诊断相关的 RAMSN 流程及方法就不再赘述。

按照前文介绍的方法，可得基于 RAMSN 理论与安全模型的故障诊断设计技术体系模型如图 2-9 所示。

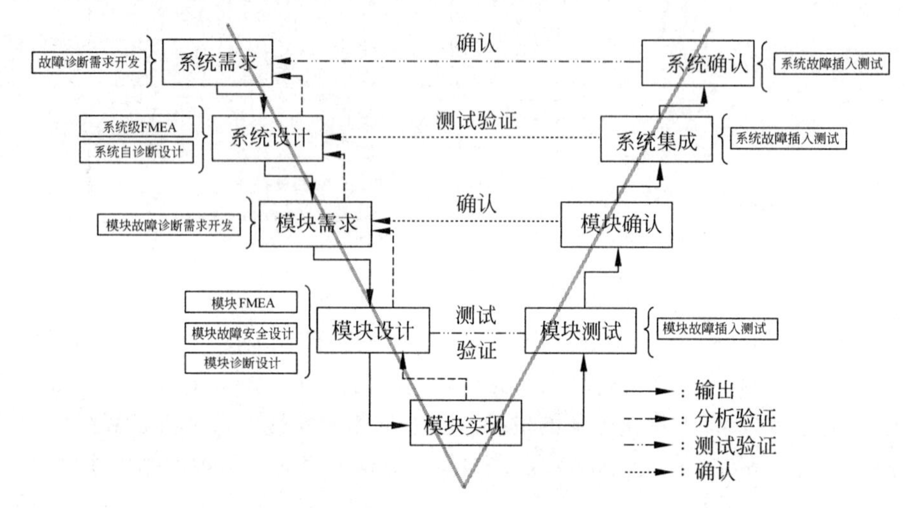

图 2-9 一种适用于核安全级 DCS 的故障诊断设计模型体系

由图 2-9 可知，与核安全级 DCS 的故障诊断设计相关的 RAMSN 技术，有故障诊断需求开发(系统/模块)、基于系统级/模块 FMEA、系统自诊断设计、模块诊断设计和故障插入测试。下文将围绕这些技术方法进行阐述，并通过实践应用来论证本书所阐述技术方法的正确性和合理性。

3 核安全级DCS故障分析

要设计实现故障诊断功能,应先对设备的潜在故障进行分析,识别出潜在故障模式,再有针对性地进行诊断措施设计,才能实现有效的故障诊断,并支持相应的故障处理、维修操作和系统恢复。因此,故障分析是故障诊断功能设计的必要前置工作。

在工程领域,最常用的故障模式识别方法是 FMEA。本章将进行详细介绍。

3.1 故障模式识别方法

3.1.1 FMEA 概述

FMEA 是基础分析方法,在 FMEA 的基础上增加关键性(criticality)分析就是 FMECA,在 FMEA 的基础上增加诊断相关分析就形成了 FMEDA,除此之外,根据不同业务需求,业界还扩展出了 FMMEA(故障模式、机理和影响分析,主要用以识别故障机理)、FMVEA(故障模式、脆弱性和影响分析,主要用以识别对象的潜在故障模式与信息安全脆弱点,作为信息安全设计改进的依据)等。无论新增多少扩展功能,最重要的依然是 FMEA。

FMEA 通过分析对象(产品或过程)的潜在异常或故障模式,确定相应的处理方式,确保故障后果处于可控可接受的状态。FMEA 提供了一种系统化的方法来识别故障模式及其对系统或过程产生的影响,包括局部和最终影响。在某些应用场景下,还可以针对故障原因开展分析。在进行 FMEA 工作时,通常考虑从故障模式识别作为分析的起点,以支持故障影响分析、故障处理方案的确定。

FMEA 适用于系统、过程(包括人的行为)及其接口。本书主要讨论的是针对系统的 FMEA。进行 FMEA 的目的包括:

(1) 识别对系统安全运行产生不良影响的故障模式,例如核安全级 DCS 在现场需求时拒绝动作,或者现场运行正常时误动作;

(2) 通过提前介入开发方案,以较为经济的方式改进系统的设计和开发方案,提升系统的可靠性;

(3) 识别技术风险,作为项目风险管理过程的一部分;

(4) 为其他可靠性分析提供基础;

(5) 制定和支持可靠性试验计划；

(6) 为规划维护和支持计划提供依据，例如通过以可靠性为中心的维护技术理论确定运维方案(具体参见 IEC 60300-3-11)。FMEA 负责人或团队应负责以下事项：

(1) 管理 FMEA 的实施过程；

(2) 确定 FMEA 的实施形式，使其适合各类应用场景；

(3) 识别和分析系统的故障模式和影响；

(4) 确定每一类故障模式相应的解决方案；

(5) 编制 FMEA 报告，包括故障模式、故障影响、相应的处理措施方案。

本书使用以下术语描述 FMEA 工作涉及的角色和责任。

(1) 分析员，负责 FMEA 工作的实施，考虑 FMEA 的适用性及相应的裁剪工作，并与其他人员沟通。分析员应具备足够的技术理解能力，以分析出正确的故障逻辑关系。

(2) 设计人员，这些人具有的设计知识和经验能覆盖分析对象的研发、生产、应用和运维等方面。

(3) 项目经理，用于定义 FMEA 的目的，授权所需资源，具体实施的内容和确定最终的解决方案。这个角色可以由拥有最终批准权限的管理者担任。

(4) 利益相关者，对于 FMEA 的决策和行动，所有可能被影响的组织或个人。例如客户、监管机构、供应商等。

3.1.2 FMEA 方法介绍

图 3-1 显示了进行 FMEA 活动的流程图。它分为三个阶段：计划、执行和记录。一般是按顺序执行，但可以结合分析对象的特征和应用场景，进行适应性裁剪，这意味着图中所有的活动并非都要实施。

3.1.3 FMEA 计划阶段

计划阶段应考虑：为什么要进行分析，分析的对象是什么？分析的场景是什么？以及如何高效地实施分析活动。FMEA 团队应咨询管理者和利益相关者，以便正确理解和考虑他们预期要达到的目标。

计划阶段的输出是一个 FMEA 计划，描述需要开展的 FMEA，包括：

(1) 确定分析目的和范围；

(2) 确定分析边界和应用场景；

(3) 确定故障模式的处理准则；

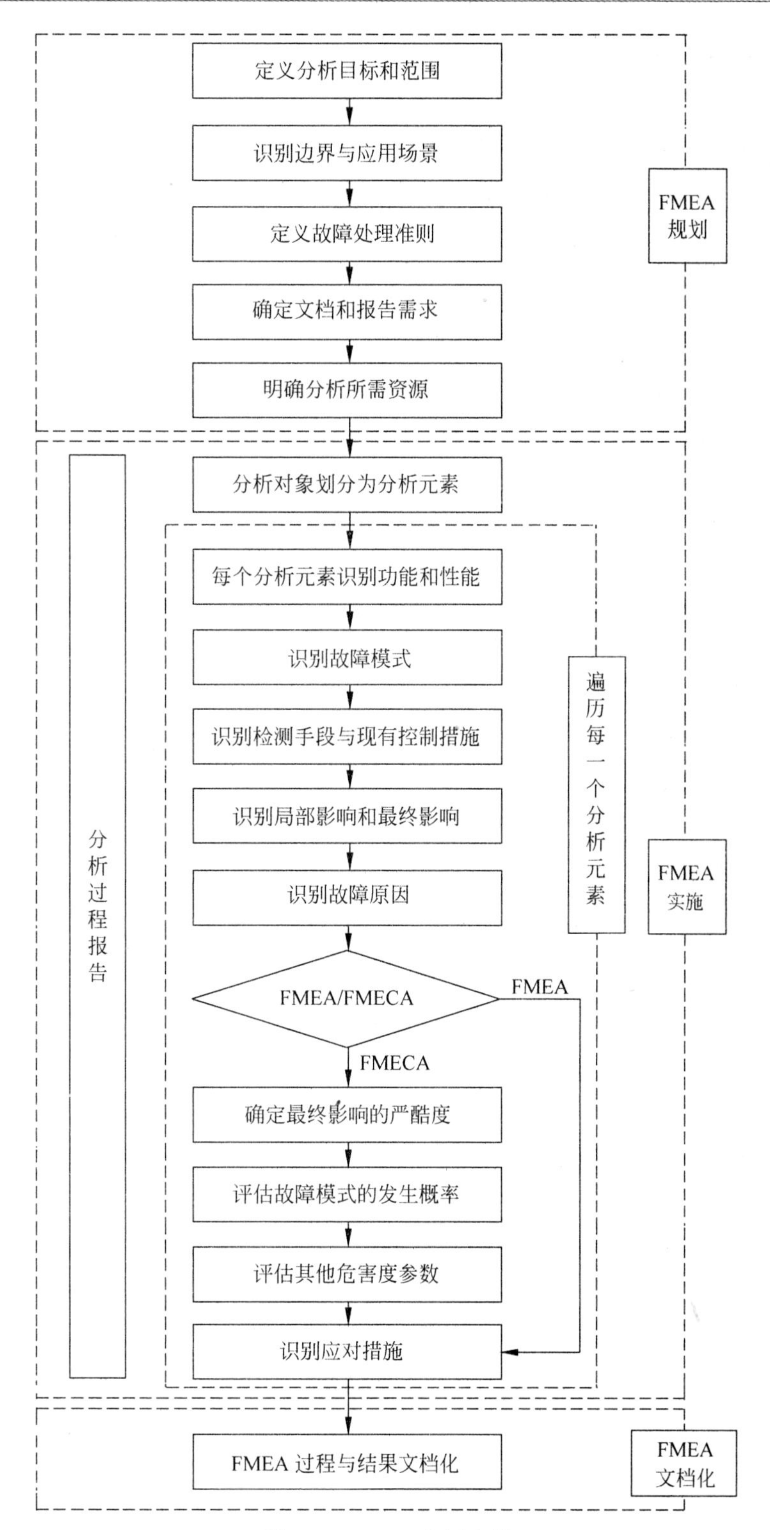

图 3-1 FMEA 分析流程

(4) 确定如何记录和报告；

(5) 规定如何将资源分配给 FMEA 活动；

(6) 该计划包括但不限于：项目里程碑(以确定分析结果所需的时间安排)；系统功能相关的技术文件、项目合同要求、以往经验和可用信息。

FMEA 计划可以独立发布，也可以作为更高级别文档的一部分，例如项目计划或系统工程管理计划。

3.1.3.1 定义目的和分析范围

FMEA 目的和范围的定义为分析工作奠定了基础。目的应清晰描述，以确定开展 FMEA 的必要性。

典型的 FMEA 目的描述如下：

(1) 通过 FMEA 分析识别不同方案的设计薄弱环节，为概念设计方案选型提供重要依据；

(2) 通过 FMEA 分析识别出当前设计方案中的不足之处，确定优化方案及缓解措施，以减少系统缺陷；

(3) 在产品研发阶段，针对具体的产品设计方案开展 FMEA，以识别出产品在故障诊断、处理和报警指示详细方案中的不足之处，进而确定改进的机会；

(4) 针对研发完成的产品实施 FMEA 分析，评估故障模式的后果，计算相应的风险，验证整体产品的 RAMSN 特性；

(5) 根据法规标准或合同要求，出具 FMEA 报告；

(6) 通过 FMEA 分析，识别出各类故障模式，进而提出维修性和保障性大纲要求。

3.1.3.2 确定边界和使用条件

应描述分析对象及其边界和应用条件，以确保 FMEA 的分析人员和使用者对于 FMEA 的范围保持一致的理解，这样就不会因为信息不一致而忽略重要因素。随着 FMEA 计划的逐级细化和确定，FMEA 范围描述应更加具体，最好通过流程图、功能框图、可靠性框图、功能层次结构图等形式明确表达。

对于大型复杂系统(如核电厂)，可能需要将系统细分为子系统(如仪控系统、汽轮机、蒸汽发生器等)，每个子系统都要进行 FMEA。可以根据物理实体或逻辑功能进行边界划分，在此过程中要考虑合同要求以及不同组织机构的特征。边界划分应确保每个 FMEA 的规模处在合适的范围，使得分析人员能够在可接受的时间内完成 FMEA 工作。每个子系统的 FMEA 应与任何其他相关的 FMEA 进行逻辑连接，以便全面考虑子系统相互之间的故障逻辑关系，以及每个子系统发生故障后对整个系统的影响。应特别注意子系统之间的接口，应明确定义它们所处的边界，避免存在模糊地带，造成 FMEA 工作输出不明确。

3.1.3.3 确定层次和方法

FMEA 可以针对不同的对象开展，但是由于分析目的和阶段不同，分析方法可能不同。

在早期开发阶段，由于缺乏详细设计信息，只有系统架构、系统功能等总体方案内容，因此这个阶段的 FMEA 的分析对象通常放在中间层次，例如整个电子模块，而不是电子模块中的电子元器件。在开发的后期阶段，详细设计方案已实现，这个阶段的 FMEA 能够以最低级别的元素为分析对象，例如各类元器件失效。与分析对象相关的所有故障模式及相应的故障影响都应进行遍历分析。

3.1.3.4 定义分析对象的边界

应划定 FMEA 分析对象与系统其他部分(包括人机接口)之间的边界、关系和接口。边界的定义应包括系统的输入和输出，并明确规定哪些接口在分析范围内，哪些接口被排除在外。

边界划分要考虑设计方案、预期应用场景和组织关系等因素的影响。一般有两种边界划分方式：一种以物理实体来划分，一种以逻辑功能来划分。无论以哪种方式划分边界，都应明确各类接口关系，以促进不同分析对象 FMEA 及其他相关研究的融合。如果分析对象很复杂，可以先分层次，再在每一个层次中划分边界，以确保单个 FMEA 工作的规模可实施、可管理。

3.1.3.5 定义应用场景

当实施 FMEA 时，一般会将分析对象放在一个或多个特定的应用场景下考虑。相应地，FMEA 的分析过程与结果会与此关联。应用场景应根据分析目标进行定义，并进行足够详细的描述，以便于识别所有相关的故障模式。应用场景通常包括：正常运行条件、维护状态等。

应用场景可以是正常运行时的“主机状态”或“从机状态”，或维护状态下的“旁通模式”或“定期试验”。

所有可能影响分析对象正常运行的因素都应详细说明，以便在分析中予以考虑。应为定义应用场景的文档建立清晰的审核跟踪机制。

3.1.3.6 确定故障模式的处理准则

在进行分析之前，应确定故障模式的处理准则，例如，处理优先级等。这些准则应考虑分析目标、法规标准、技术规格书以及利益相关者的要求。这些准则应能够对需要处理的故障模式和不需要处理的故障模式进行一致、合理的排序与选择，同时还应给出建议的处理方法，以及最终可接受的处理结果准则。故障模式的处理准则应通过管理层的审批。

处理准则应基于FMEA分析得出的故障影响进行定义。在核电领域,安全相关系统FMEA识别到的最终影响,都与安全性有关,则安全相关系统故障模式的处理准则,应以安全目标、风险控制来定义,例如,针对避免或缓解环境破坏、人员伤亡、设备损坏的要求定义故障模式的处理准则等。

对于不同的应用场景,处理准则可能有所不同,应定期审查并更新,例如,根据运行经验调整具体故障模式的处理方式。故障模式的处理可以作为FMEA的一部分,也可以作为专项工作。

故障模式处理优先级的确定,通常与该故障对整体系统或功能的影响程度有关,因此故障严酷度是确定故障模式处理优先级的重要决定因素。在条件允许的情况下,可以开展关键性分析,以便为每个故障模式分配一个关键性等级。定义关键性的标准通常考虑以下3点:

(1) 故障对系统或功能的影响严重程度;

(2) 故障可能性的大小;

(3) 故障能够被及时检测、避免或缓解的能力。

在不同情况下,关键性指标的计算方法有所不同,有些情况关键性指标只考虑故障的严酷度和可能性,而有些情况则需要考虑故障的严酷度、可能性和可检测性。关键性指标可以使用矩阵/曲线图或风险优先数(risk priority number,RPN)确定。目前并没有统一的关键性分析方法。在特定的应用场景下,可以根据实际需要进行调整。

对于受到成本、技术难度和任务节点限制,无法完全按照最理想情况处理所有故障模式的项目,故障模式关键性分析非常有意义,它可以帮助项目快速、准确地识别出最需要处理的故障模式,以达到最佳投入产出比。但如果所有已识别的故障模式都要被处理,例如核安全级DCS所有影响安全功能的故障模式,关键性分析则可以不开展。

FMEA计划应包括处理准则的详细信息,以及在需要进行关键性分析的情况下,确定关键性分析方法。处理准则应在FMEA报告中详细说明。

3.1.3.7 FMEA报告要求

FMEA报告,通常以表格、条目化等系统化的方式记录FMEA实施过程和结果信息。因此,FMEA分析过程和结论/建议应准确、无歧义。FMEA报告应注意说明以下几点情况:

(1) 描述FMEA输出结果预期如何使用;

(2) 提供可作为证据的信息,以便根据分析结果进行决策;

(3) 描述裁剪方案的基本原理,包括用于关键性分析的方法;

(4) 全面列出FMEA所依据的信息来源;

(5) 明确监管和合同要求,并证明这些要求得到了满足。

FMEA 的输出可能会成为其他分析的输入，也可能作为 FMEA 报告单独存在。

FMEA 计划应明确规定 FMEA 报告的形式。FMEA 报告的形式应符合组织的标准和程序，同时考虑 FMEA 的目标、复杂性和范围。在执行 FMEA 时生成的文件可以是数据库、电子文件和纸质报告的一种或几种的组合。在不同媒介上存储的 FMEA 信息，为了确保足够的可追溯性，FMEA 计划应明确定义信息管理方式，可以单独管理，也可以遵循项目整体的信息管理方式。

由于 FMEA 与设计是相互迭代的，因此 FMEA 报告在系统整个生命周期范围内，是逐渐完善和细化的。FMEA 报告应根据具体情况，例如，设计方案初步设计完成、详细设计完成，或当产品积累了新的运行数据时，进行更新升级。FMEA 文件的修订应通过组织的文件控制程序进行控制。FMEA 识别的薄弱环节或潜在故障模式，应作为后续产品优化设计的输入和依据。

FMEA 报告的内容，至少包括：

(1) 描述分析对象(系统或产品)，并辅以适当的框图，如信号流图、功能框图。

(2) 描述分析对象的范围和边界，不分析的内容应明确指出。

(3) 定义故障模式处理准则。

(4) 对分析对象以及相关应用场景所作的必要假设。

(5) 对具体分析方法进行清楚、详细的说明。

(6) 确定利益相关者和相关人员。

(7) 若需要关键性分析，则应详细描述，并允许独立验证。

(8) FMEA 所依据的数据和其他适用材料(包括问题状态/修订)的来源。

(9) 具体分析过程，如识别到的故障模式及其影响，如有必要，还应包括其重要性和原因，故障模式和影响的描述方式应遵循 FMEA 报告所引用的文件。

(10) 分析总结和建议处理方案，包括进一步分析的建议(如有必要)。FMEA 报告可能只包括简要的处理方案。这些建议应在 FMEA 报告之外的行动计划中进行管理，例如需求文件和设计文件。

(11) FMEA 实施过程中的限制或不足，应通过未来 FMEA 的更新升级加以解决。

(12) FMEA 分析人员应跟踪已经纳入项目中的设计变更项和未处理的遗留项，确保这些设计变更项和遗留项均能得到妥善处理，若因各种原因导致无法处理，相应的理由应记录在行动管理文件中，同时应分析无处理措施故障的潜在影响，并密切跟踪设计变更项和遗留项的最新状态。

(13) 分析过程记录，可以工作表的形式作为报告的附件。如果 FMEA 过程使用了公开商用的数据库，则应进行明确说明。

3.1.3.8 明确分析资源

FMEA 所需的资源主要包括以下 3 类：

(1) 信息资源:

- 待分析的对象,包括其预期功能和在整个系统中的作用;
- 系统的组成要素及其特征、功能和性能;
- 组成元素之间的功能逻辑、物理架构和相互影响关系,例如信号流图、功能框图、系统架构图和可靠性框图;
- 冗余架构或表决逻辑的冗余水平;
- 分析对象在组织中的位置和重要性(如有可能);
- 分析对象组成元素的输入和输出;
- 与其他相关对象以及项目运行环境的接口;
- 分析所需的故障模式、频数比和失效率的通用数据库;
- 现场运行经验数据;
- 相同或类似对象的 FMEA 分析结果。

分析对象各个层级的功能和性能相关的信息都是必要的,以便在开展 FMEA 时能够正确分析影响这些功能的故障模式。

在 FMEA 实施过程中,需要不断标识出前述内容范围之外的必要信息,并收集这些信息,信息应正确无误,并为所有分析人员与使用者所理解。

在分析开始之前,有关分析对象的基本信息应搜集完全并共享,分析人员应在 FMEA 过程中有权限访问所有相关信息。

(2) 人力资源:分析人员需要有技术能力和相应的信息访问权限。必要的技能和能力包括:

- 应用 FMEA 方法的能力;
- 了解所分析系统对象的功能、性能及其故障模式和影响;
- 使用 FMEA 工具的能力。

要做好一项 FMEA 工作,通常需要多学科的团队,至少需要设计人员与可靠性人员。随着分析工作的推进,产品或系统的应用情况、所需的运维保障资源等方面的信息也可能变得十分必要。如果存在这种情况,其他具有相关能力的人员也应参与 FMEA 分析,例如工程应用人员、业主和运维人员等。

(3) 物质资源:例如专用的 FMEA 工具软件、FMEA 数据库、信息存储服务器等。

3.1.4 执行 FMEA

3.1.4.1 确定最低约定层次

为了进行 FMEA,需要将分析对象分解到最低约定层次。

(1) 系统可以拆分为子系统、模块;

(2) 硬件可以拆分为功能电路或者进一步拆分为电子元器件;

(3) 软件可以拆分为模块或者可执行代码；

(4) 最低约定层次之间的接口，以及最低约定层次与环境或用户的接口应该被标识出来。

分析的详细程度取决于所要获取的结果，分析越详细就越能获取更详细的故障模式、影响及相应的处理策略，但是也更耗时。

3.1.4.2 功能的性能标准

执行 FMEA 时，应列出每个最低层次的功能，并遍历分析每一个功能。

应定义每个功能对应的性能标准值及正常阈值，以便识别相应的故障模式。最低层次的功能可以从功能规格书或者其他来源获取。

所选的性能标准应是系统实现功能所必需的平均性能水平，而不是最低性能水平。性能标准应做到准确描述，可量化效果最佳。

3.1.4.3 故障模式识别

通常情况下，分析对象无法执行预期功能，或功能的实际性能无法满足要求的平均性能水平，即可判别为故障。一个分析对象可能有多种故障模式。每个故障模式应单独分析记录。故障模式识别旨在识别和分析与 FMEA 目标相关的所有可信故障模式。

根据分析的目的和范围，以下内容有助于识别每个对象在整个生命周期中的故障模式：

(1) 应用场景；

(2) 操作模式；

(3) 相关操作规程；

(4) 适用的环境条件；

(5) 储存、运输和运维规程；

(6) 处理或拆除工艺应力。

通常，故障模式信息可从以下方面获得：

(1) 对于新研发的系统，可参考其他功能和结构类似的系统；

(2) 对于已有系统进行新应用的情况，已有系统的故障模式可能已由之前的 FMEA 所识别，但不能直接复用，应进行适用性分析，以找出新旧应用之间存在的不同故障模式；

(3) 运行经验数据；

(4) 已开展过的可靠性和环境试验；

(5) 针对电子元器件的通用故障模式库，这些故障模式库可以来源于标准、也可来源于行业积累的数据库，在使用这些数据库之前进行适用性说明；

(6) 维护和维修数据；

(7) 事件和事故数据;

(8) 相关领域的学科知识。

3.1.4.4 检测方法和控制措施

本书中的控制措施是指用来避免或缓解故障影响的设计措施,而检测方法是发现故障模式的手段。

对即将发生的故障进行早期检测,让操作员、维护人员、用户和其他人员进行干预,可以有效降低不良影响。

在特定的应用中,控制和检测有不同的含义。当现有控制或检测方法被认定为不充分时,应确定额外的或改进的控制或检测方法。

检测方法:检测方法可以有不同的形式,例如,故障诊断与报警(自诊断、定期试验、指示器、仪表或监控);各类试验(开发过程可靠性试验、可靠性应力筛选、性能试验);其他检测方法(审计、检查和评审等)。

当用一种检测方法可以检测到一种以上的故障模式时,应给出相应的描述,以区分被诊断到的不同的故障模式,以确保没有任何故障模式被漏诊,每一类故障模式都应采取相应的处理措施。

控制措施:应列出避免或缓解故障影响的设计措施,并说明其作用方式。控制措施可包括以下内容:冗余或备用,在一个或多个元件发生故障时整体功能不丧失,系统可以继续运行;设计故障安全机制,当故障发生时导向安全或预期的故障状态,避免故障蔓延。

3.1.4.5 局部和最终影响

在 FMEA 分析中,故障影响是基于故障模式推理分析得到的影响状态。相同的故障影响可能由系统某个或多个子系统的 1 个或多个故障模式所引起。

故障模式的影响可分为局部影响和最终影响。局部影响包括同一层次影响和高一层次影响,同一层次影响主要描述与被分析对象处在同一层级的外在表现,高一层次影响主要描述更高层级对象的外在表现,这些外在表现都与当前故障模式有关。

在考虑故障模式的关键性时,确定最终影响非常重要,因为最终影响可作为所有故障模式共同的比较基准。确定局部影响可以为优化设计方案提供依据。在某些情况下,除了故障模式本身之外,可能没有局部影响。

除了影响系统功能的后果外,可能还有其他值得关注的后果,例如,人员伤亡、环境破坏等后果。FMEA 计划中应明确定义哪些后果应纳入故障影响范围。

识别故障模式的最终影响可能需要使用其他分析方法,例如事件树分析(具体方法可参考 IEC 62502)。

故障影响的描述应包括足够的信息,以便能够准确评估其严酷度和重要性。

由于 FMEA 是按照单一对象或者功能进行分析的，所以缺乏对多故障同时发生的影响分析。在某些情况下，没有可检测到的直接影响（即未显示）的故障可能会与其他并不重要的故障模式共同导致最严重的后果。应记录这些信息，以便进一步调查或分析。

3.1.4.6 故障原因分析

了解故障是如何发生的，有助于确定降低故障及其后果发生概率的最合适方法。通常，FMEA 步骤不包括完整故障原因分析。在某些情况下，确定故障机理可能是有用的，但并非所有的 FMEA 都需要这部分内容。IEC 62740 给出了详细的根本原因分析方法。

是否需要开展故障原因分析，取决于具体的应用场景。后果严重程度高的故障模式要比后果严重程度低的故障模式更值得进行故障原因分析。在确定故障原因时，应考虑使用环境。应考虑与硬件、软件、人为因素以及它们之间的接口有关的原因。FMEA 应考虑共因失效（CCF）的可能来源。共因失效是指因共同的影响因素，造成多个元件同时失效，或在足够短的时间内相继失效。可以说，FMEA 不适用于共因失效分析，因为 FMEA 的分析假设中有一条：故障模式是单一独立发生的。共因失效的典型案例为：因湿度导致的多个电源在较短的时间内相继失效。

关于人因方面，人为错误可以被识别为硬件、软件或过程元素（包括其接口）的故障原因。分析人为错误模式的原因往往比分析硬件或软件故障的原因更为复杂，因为有更多的潜在故障机制，每种机制都有多个潜在原因。IEC 62508 中给出了人因失误的原因和影响人因的因素。IEC 62740 对人因失误的模式、机制、原因进行了分类，并给出了分析人为失误的形式化方法。

3.1.4.7 故障模式的关键性评估

FMEA 计划应规定是否需要评估故障模式的关键性，以及应如何评估。

在分析每个故障模式的影响时，可以将优先级作为每个故障模式分析的一部分，也可以在识别所有故障模式之后再进行优先级排序。关键性评估输出的是经过优先级排序的所有故障模式，基于所有故障模式的关键性，确定可能需要处理的故障模式。

为确保 FMEA 中故障模式优先级排序的一致性，应使用一个约定好的等级序列来评估关键性，该等级序列涵盖 FMEA 计划中规定的后果类型。

除了故障模式严酷度外，故障模式的可能性也是评估关键性的输入，通常使用故障模式失效率来量度故障模式的可能性。

故障模式失效率的评估，可以来源于以下几个方面：

（1）来自部件寿命试验或实验室得出的试验数据；

(2) 公开的故障模式数据库(如 MIL-HDBK-338B、IEC 61709 等);
(3) 现场故障数据;
(4) 相似系统或产品的故障数据。

3.1.4.8 建议措施

根据 FMEA 的范围,应对需要处理的故障模式的控制措施进行识别、评估和记录。在某些情况下,只有需要立即实施的处理措施被记录为 FMEA 的一部分,而最终解决方案要在 FMEA 之后开展进一步的分析与权衡才能确定。

在提出建议之前,可能还需要进行更详细的 FMEA 或因果分析。建议或不建议采取处理措施,都应遵循 FMEA 计划中确定的处理准则,并记录在案。在确定处理方法时,应注意说明被处理故障模式的关键性。

故障模式处理措施可能涉及设计或生产工艺的变更,以及在操作或运维期间要采取的措施。

一般来说,在设计过程中引入处理措施产生的变更,要比投运后再引入处理措施更具有经济性和合理性,尤其是对于硬件项目。在运行过程中,可采取诊断措施,来检测故障模式或即将发生的故障,以防止或减少其影响。维修计划也可作为一种控制手段,并应根据 FMEA 的结果制定。

处理方案会达到以下一种或几种效果:
(1) 消除故障模式;
(2) 降低故障模式的可能性;
(3) 消除或减少故障模式的影响。

在某些情况下,即使在 FMEA 期间确定了处理方法,也可能最终不采取任何措施,因为故障影响轻微甚至无影响。应考虑去掉那些无效的或不必要的控制手段。

设计方接受了故障处理建议,但未采用已确定的控制措施或检测手段,而是引入了新的控制措施或检测手段,则可能需要开展适用性分析,以判断:
(1) 是否引入了任何新的故障模式或影响;
(2) 特定故障模式的关键性是否可以接受;
(3) 新控制措施和监测手段是否能够达到妥善处理故障模式的目的。

3.1.5 关键性分析方法

关键性分析方法提供了 1 种划分故障模式优先级的方法。此方法考虑了以下因素:故障的可能性、后果严重程度和(在风险优先数的情况下)可检测性。

使用单个参数对重要性进行排序不属于关键性分析。主要有 4 种方法确定故障模式关键性:关键性矩阵、关键性图、RPN 和备选 RPN。

在 FMEA 计划阶段,应考虑的故障影响类型、每个参数的定量评估方法以及关键性指标确定方法应在规划阶段确定。

3.1.5.1 关键性所需参数的定量评估方法

关键性所需的参数可以定性、定量或半定量地评估。

- 关键性参数的定性评估，可使用表征不同程度的名词来描述。例如，“轻微”、“重大”或“灾难性”（表示影响的严酷度）；或“频繁”、“偶尔”或“几乎不发生”（表示故障模式发生的可能性）。
- 关键性参数的定量评估，可以使用失效率或失效概率的形式定量表示故障模式发生的可能性；可以使用故障的等效经济成本表示影响的严酷度。
- 当数据仅允许进行数量级估计时，可使用顺序评级量表（有时称为等级表）来表示关键性参数，这种方法也称为半定量方法。

3.1.5.2 使用矩阵或曲线图表示关键性

关键性参数之间的关系可以用多种方式表示，以识别关键性等级。故障的可能性和严酷度可以用连续的标度表示，也可以用类别表示，然后组合起来，分别以图或矩阵的形式直观地表示出来。然后利用这个关键性图或矩阵来确定处理方案的优先级。

作为 FMEA 计划的一部分，在分析之前，应与利益相关者讨论并明确每个关键性等级的含义以及相应处理措施。否则，关键性分析的价值将大大降低，甚至可能由于多余的活动或不充分的故障处理而产生额外的处理成本。

关键性矩阵分析通过结合故障可能性和严酷度来衡量关键性。关键性矩阵也可以称为风险矩阵。每个参数的值形成一个矩阵，1 个临界等级被分配给矩阵中的每个单元。关键性等级可作为故障模式处理级别的制定依据。对于低阶故障模式，此类处理可包括“无作用”。表 3-1 显示了定性关键性矩阵的示例。

表 3-1 定性关键性矩阵示例

		严酷度			
		灾难（catastrophic）	严重（major）	普通（marginal）	轻微（minor）
故障可能性	高（high）	×	×	1	2
	中（medium）	×	×	1	2
	低（low）	×	×	1	2

续表

		严酷度			
		灾难（catastrophic）	严重（major）	普通（marginal）	轻微（minor）
故障可能性	非常低（very low）	×	1	1	2
	几乎不可能（remote）	1	2	2	3

注：×：“不接受”；1：“不期望”；2：“可接受”；3：“低”。

在某些情况下，1种故障模式可能导致一系列不同的故障影响。在这种情况下，应说明可能适用的后果。此时，考虑这几种后果的关键性，对于故障处理决策是非常有帮助的。

在表3-1中的示例矩阵中，每个关键性类别代表的风险从矩阵的右下角增加到左上角。然而，针对每种故障模式采取的处理方法将仅取决于关键性分类（即关键性代码的颜色或编号），而不是矩阵中的某一个具体单元。

表3-1只是矩阵结构的一个例子，不应被视为最终形式。实际形式取决于具体的应用。如果可能性的分区数量和/或故障影响的严酷度不同，则矩阵的大小将与表3-1所示的不同。

应校准关键性矩阵，以确保具有相似或相同关键性的故障模式，能够得到同样等级的处理措施。

3.1.5.3 关键性曲线图

图3-2显示了简单的可能性和后果（严酷度）图的例子，根据图中的区域分配了关键性等级。在这种情况下，可能性和后果都是连续的定量尺度。

区域之间的边界不一定是简单的直线（示例A）或曲线（示例B）。根据已识别故障模式的处理要求，阶梯边界（示例C）或直线和曲线的组合也是可以接受的。

在示例B中，区域的边界表示风险水平相等的线。如果可能性和后果以线性比例绘制，则直线将变成曲线。如果使用对数刻度，则又会变为直线。

在实际应用中，只有当可能性与严酷度均为完全量化评估时，平滑的区域边界才是有意义的。

3.1.5.4 RPN关键性

风险优先数（RPN）是将后果、可能性和可检测性的半定量评估结果综合成序数尺度。在这种方法中，这些参数分别被称为严酷度（S）、发生概率（O）和可检测性（D），因此在某些应用中RPN也被称为SOD方法。本书给出了两种评价RPN

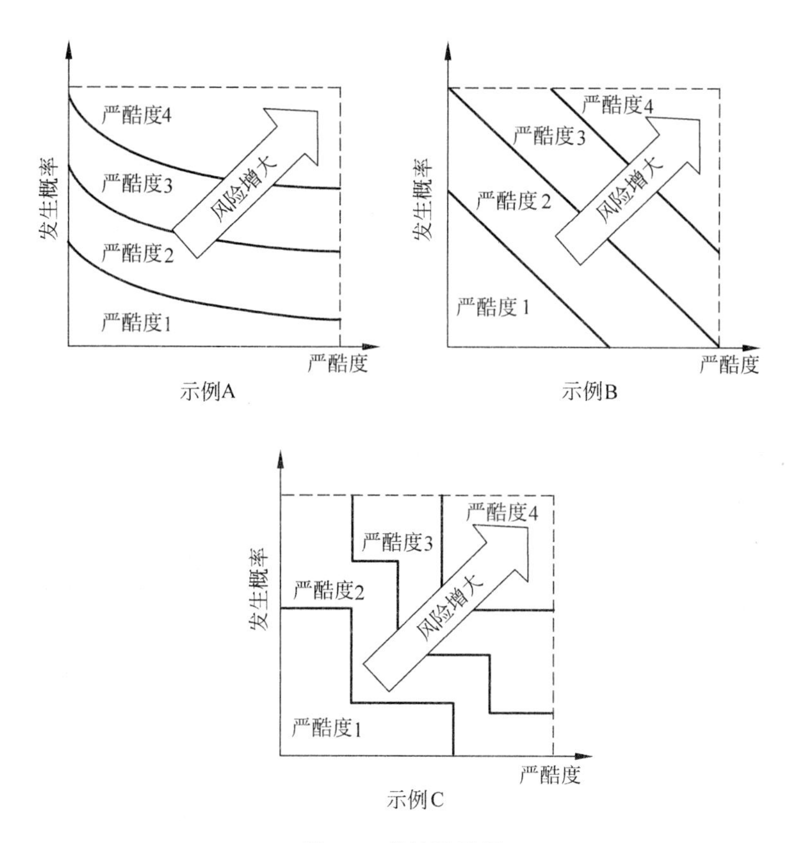

图 3-2 关键性图例

的方法。

风险优先数(RPN)的常见形式是严酷度、发生概率和可检测性三个等级的乘积。

$$RPN = S \times O \times D \tag{1}$$

RPN 值的范围取决于三个参数的测量标度,通常使用 1～10 的顺序等级,产生取值范围为 1～1000 的 RPN。

某些应用场景下,不考虑可检测性 D 的作用,因此产生了取值范围为 1～100 的 RPN。

S、O 和 D 的数字是使用评级表确定的,其中每个参数的水平应进行描述,来帮助分析员准确、一致地选择评级。

可检测性数字 D 可以表示在发生重大故障影响之前,预期在运行期间检测到故障模式的可能性。这个数字通常按严酷度或发生次数的倒序排列;检测数越高,检测的可能性越小。检测的可能性越低,RPN 越高,故障模式需要处理的优先级越高。

表 3-2 适用于核安全级 DCS 产品。一个典型的严酷度等级衡量标准可能如下。

表 3-2 核安全级 DCS 产品故障严酷度等级示意

严酷度等级(S)	描　述
1	对发电无影响；要求在未来 14 天内修好
2	短暂的发电损失；要求在未来 14 天内修好
⋮	⋮
8	长时间(2～4 周)失去发电能力
9	长时间(超过 4 周)失去发电能力；需要更换重要部件
10	安全事故；整个结构的损失；几个月的全部生产损失

核安全级 DCS 产品故障模式的发生频率的典型测量尺度示例如表 3-3 所示。

表 3-3 核安全级 DCS 故障发生频率等级示意

发生频率等级(O)	描　述
1	故障模式每 10000 台设备年发生一次
2	故障模式每 2000 台设备年发生一次
⋮	⋮
8	每台设备每年发生一次故障模式
9	每台设备每 4 个月发生一次故障模式
10	每台设备每月发生一次故障模式

核安全级 DCS 产品故障模式的可检测性等级的典型测量尺度示例如表 3-4 所示。

表 3-4 核安全级 DCS 产品故障模式可检测等级示意

可检测性等级(D)	描　述
1	故障模式总是在后果发生之前被发现
2	故障模式是显而易见的，通常在后果发生之前就被发现
⋮	⋮
8	只有通过检查才能发现故障模式，例如通过抽样检查
9	故障模式很难发现，因此几乎不可避免地会生效
10	无法检查功能，也无法检测故障模式，例如无法访问

然后根据 RPN 对故障模式进行排序，通常将较高的优先级分配给较高的 RPN。除了 RPN 的大小外，处理决策也可能受到故障模式严酷度的影响，这意味着如果存在具有相似或相同 RPN 的故障模式，首先要解决的故障模式是具有高严酷度等级的故障模式。

在某些应用中，RPN 超过定义阈值是不可接受的，而在其他应用中，无论 RPN 是多少，严酷度是故障处理的优先考虑因素。

当从 RPN 得出结论或进行比较时，应考虑该方法的以下特点，以避免出现不恰当的结论：

(1) RPN 标度不连续。

(2) 数值之间的比率没有具体意义。

这是由于量表是有序的，严酷度、发生率和检出率的衡量是相等的。因此，RPN 数字之间的差异可能很小，但实际意义上有显著差异。例如，$S=6$、$O=4$ 和 $D=2$，则 RPN=48，而 $S=6$、$O=5$ 和 $D=2$，则 RPN=60。后一个 RPN 仅略高，而 $O=5$ 可能相当于 $O=4$ 发生的可能性的许多倍。

(3) RPN 有可能对一个参数值的微小变化很敏感。

当其他参数较大时，一个参数的微小变化具有明显的更大的影响(例如：$9\times9\times3=243$，$9\times9\times4=324$ 与 $3\times4\times3=36$ 和 $3\times4\times4=48$)。

使用 RPN 的良好实践是，在对危害度评估和确定故障处理措施形成最终意见之前，对严酷度、发生率和检测值进行彻底审查。

3.1.5.5 替代 RPN 关键性方法

所谓的替代 RPN(alternative RPN，ARPN)是 RPN 的一种改进版本，其目的是在参数可以以对数标量度化时，提供更一致的关键性评估。

对于 ARPN，其中每个与级别相关联的值都是前一个值的固定倍数(例如 10，或 10 的平方根)。对于严酷度、发生可能性和检测的每个量表，必须使用相同的倍数。因此，参数标度的等级数量将由特定的应用范围确定，并且可以不局限于 RPN 通常使用的 10 个等级。

以核安全级 DCS 产品为例，表 3-5 给出了基于 ARPN 的故障发生频率等级划分示例。

表 3-5 基于 ARPN 的核安全级 DCS 故障发生频率等级划分示意

发生频率等级(O)	描　述
1	失效率小于或等于 10 万年一次
2	失效率大于 10 万年 1 次，小于或等于 3 万年一次
3	失效率大于 3 万年 1 次，小于或等于 1 万年一次
4	失效率大于 1 万年 1 次，小于或等于 3000 年一次

以核安全级 DCS 产品为例，表 3-6 给出了基于 ARPN 的核安全级 DCS 故障严酷度等级划分示意。以下严酷度等级大致基于 10 的平方根，约为 3。

表 3-6　基于 ARPN 的核安全级 DCS 故障严酷度等级划分示意

严酷度等级(S)	描　　述
1	危险隐患不大,预计不会造成伤害
2	一人受轻伤
⋮	⋮
6	严重,一人死亡或多人重伤
7	灾难性的,几人死亡
8	死亡人数众多

以核安全级 DCS 产品为例,表 3-7 给出了基于 ARPN 的核安全级 DCS 故障避免后果等级划分示例。以下避免后果(即检测)的标度大致基于 10 的平方根,约为 3。

表 3-7　基于 ARPN 的核安全级 DCS 故障避免后果等级划分示例

避免后果等级(D)	描　　述
1	避免后果几乎总是可能的,例如通过一个独立的技术系统
2	由于有利的条件,通常可以避免后果
3	只有在不利条件下,才有可能避免后果
4	避免后果实际上是不可能的

在确定了故障模式的参数后,故障模式的参数 S、O 和 D 的等级应进行相加,而不是将它们相乘,因为校准的参数标度是对数。因此

$$\text{ARPN}=S+O+D \tag{2}$$

故障模式可根据其 ARPN 进行排序,并且通常将更高优先级分配给更高的 ARPN。除了 ARPN 的大小外,故障处理的决策也可能受到故障模式严酷度的影响,这意味着如果存在具有相似或相同 ARPN 的故障模式,则首先要解决的故障模式是那些被评估为具有高严酷度的故障模式。

在某些应用中,ARPN 的严酷度是不可接受的,而在某些应用中,ARPN 指数的重要性并不高。

此外,关键性参数水平的微小变化只会导致 ARPN 发生更微小变化,这意味着 ARPN 比 RPN 更不敏感。值得注意的是,对于相同的关键性参数输入值,ARPN 法的计算结果通常低于 RPN 法。

例如,某一故障模式的 $S=5$、$O=5$ 和 $D=5$,则其 RPN=125,而 ARPN 为 15。

3.1.6　FMEA 分析实例

基于核安全级数字化仪控系统的产品特点和应用场景,通过以下几个案例简要展示 FMEA 的实际应用。

1）安全电子控制系统 FMEA 示例

在安全电子控制系统（如核安全级 DCS）的设计过程中，需要系统级 FMEA 来分析评估设计方案，识别薄弱环节，验证其合理性。

针对安全电子控制系统的 FMEA，主要目的是评估系统安全性是否满足相关要求，如法规标准、技术规范、合同指标要求等。在 FMEA 实施过程中，以模块或板卡为最低分析层次，遍历分析整个系统，确保无论哪一个最低级别的模块或板卡发生故障，所设计的安全措施都能够有效地控制系统安全风险。

执行 FMEA 时，重点分析系统的故障风险缓解能力。这是对具有安全性的系统进行分析时不可或缺的一部分。为了做出正确的故障处理决策，每一个故障模式的影响都应该准确描述和分类。针对此类系统进行 FMEA 时，有许多问题需要关注。例如，当失效仅影响系统诊断能力而不损害主要安全功能时，就需要针对诊断功能失效是否需要额外的处理措施进行详细讨论。

2）人机交互系统 FMEA 示例

人机交互系统进行系统级 FMEA，以便为反应堆保护系统安全显示与控制功能的初步设计提供依据。人机交互系统主要由人机交互单元构成。人机交互单元的功能包括显示功能（显示核安全级 DCS 的设备状态、现场工艺数据）、控制功能（人工手动操作界面按钮，控制安全专用设施的启动和停止）。人机交互单元部署在主控室操作员盘台、后备盘台和远程控制室内，能够通过专用的安全多节点网络将数据信息传输至非安全级 DCS。人机交互单元在核电项目上有丰富、成熟的应用经验，大家期望通过系统级 FMEA 来优化人机交互单元的显示方式。

系统级 FMEA 的实施方式应充分利用产品研发团队与应用设计团队。鉴于项目处于初步设计阶段，此 FMEA 的分析起点是确定人机交互单元的顶层功能。产品研发团队和应用设计团队构成的工作组针对每一项功能逐一识别故障模式。所采用的具体方式是头脑风暴法，即将有关人员召集到一个会议上，针对每一项功能完整表达每一个关注点，并进行充分讨论，使得潜在故障模式能够得到充分识别，同时相应的处理方案有初步共识。

研讨会期间收集的数据以故障模式、对象及其原因的顺序排列。例如，显示相关的问题，其影响范围可能从关键信息显示缺失到用户不能显而易见地理解显示信息等，则显示相关故障模式可表述为：信息显示错误，对象是显示屏，原因可能是设计缺陷或者显示屏黑屏、花屏等故障。

3）主处理单元模块 FMEA 示例

为了支持核安全级 DCS 的故障诊断与处理设计，需要进行模块级 FMEA。模块级 FMEA 的范围是包括元器件、功能电路、模块整体等不同层级的分析对象。目标是根据当前详细设计方案，识别出系统或产品在软硬件详细设计方案上的潜在故障模式和薄弱环节，用以支持产品优化设计。在主处理单元模块 FMEA 中，需要根据故障后果的严酷度对故障模式进行优先排序，以评估对每个故障模式的完整影响范围。

主处理模块的独立功能电路都被详细遍历分析，分析过程考虑了功能电路间的接口影响，分析的起点是电子元器件，例如，CPU、FPGA、内存、FLASH、3.3V电源、通信芯片等。FMEA还进行了关键性分析，目的是为了确定哪些故障需要更多的关注。此关键性分析选择了RPN方法来为每个故障的优先级进行排序。

3.1.7 不同类型FMEA的特点

前述内容介绍了通用FMEA方法，主要讨论了FMEA工作流程，在此基础上，本节将概要介绍针对不同分析对象时，FMEA工作的异同点。

3.1.7.1 软件FMEA

软件FMEA类似于硬件或系统的FMEA，对于软件，有以下定义：

- 软件错误(software error)是软件代码中的错误；
- 软件故障(software fault)是程序执行的问题；
- 软件失效(software failure)是特定软件功能的丧失或部分不可用。

软件中的设计缺陷(通常称为"bug")会导致软件失效。软件失效概率，可以用包含缺陷的函数被激活的次数，除以函数执行的总次数来计算，但是由于这类信息非常稀少，因此实际工作中很少对软件失效概率进行定量评估。软件中的故障状态往往是间歇性的，大部分软件故障状态可以通过重启软件来排除。所有的软件故障都与设计有关，它们通常是由需求错误、方案缺陷、代码错误、内存不足、开环、语法错误等引起的。

与硬件一样，软件也分为不同的层次，例如进程、线程和函数。对于每个元素，分析应该考虑输入、处理和输出。处理取决于输入前的初始条件，例如程序指针的位置、寄存器和存储器(RAM和ROM)的内容。对于低层次元素，错误可能发生在数据输入函数、初始条件函数或异常处理函数。而系统级故障通常与输出相关(例如，通信故障或无效的数据)。在涉及软硬件交互问题上，软件输出可能会受到硬件故障影响，例如CPU时钟故障导致系统时序不匹配的问题。因此，熟悉软件的分析人员和熟悉硬件的分析人员应该一起参与分析。

软件FMEA的深度和广度可能会有所不同。在软件开发的早期，FMEA可能侧重于系统运行所需的软件功能，以及在1个或多个故障模式中可能导致功能失效的潜在软件故障。

随着系统设计的进展，可以根据详细设计方案进一步定义软件错误、故障或故障的影响以及可能触发故障事件的环境或它们的组合。

软件失效的根本原因包括程序员的错误(bug)以及硬件故障。

在进行软件FMEA之前，应对需求进行单独分析。进行FMEA时，首先需要确定软件中的任何单一故障是否会导致不可接受的局部影响(除最终/全局影响外)，例如：

- 输出变量是一个非预期的值；
- 通信数据携带非预期的数据或非预期的时序；
- 函数产生非预期的输出。

然后，FMEA 分析每个故障模式的系统(最终)影响。

由于软件故障通常会导致出现非预期的硬件或系统影响，因此应首先进行硬件 FMEA 以确定硬件或系统影响，在此基础上再分析软件故障影响。

软件 FMEA 应考虑运行条件，例如：

- 内存、CPU 硬件故障；
- 外围设备故障(例如模拟/数字转换器或 I/O 设备)；
- 电源故障，例如由于电源电压波动而导致的复位；
- 电磁干扰(EMI)、电磁脉冲(EMP)；
- 对错误输入数据的错误处理，包括加载错误。

软件系统级故障原因示例如下：

- 操作系统调用不当；
- 时序错误，例如由于通信周期不匹配而导致的数据冲突；
- 中断处理不正确；
- 异常处理不充分或缺失。

编程错误(失败原因)示例如下：

- 设计和实现错误(如编码、算法)；
- 错误检测不足(如边界类错误、超范围指针)；
- 有效范围检查不足；
- 误改写内存；
- 软件错误处理不充分。

软件故障模式示例如下：

- 响应时间超限、意外的 I/O 交互；
- 通信数据缺失、错误数据、数据计时、额外数据；
- 程序错误逻辑、时序/顺序；
- 程序停止、崩溃、挂起、响应缓慢、启动失败。

使用电子表格进行分析时，通常可以使用以下列：

(1) 分层系统和组件；

(2) 分析元素代号；

(3) 故障模式；

(4) 故障原因；

(5) 软件功能不可用的后果(软件修复时)；

(6) 故障处理(设计恢复措施、备用路径、故障保护)；

(7) 补偿措施。

图 3-3 显示了软件故障模型的示例。

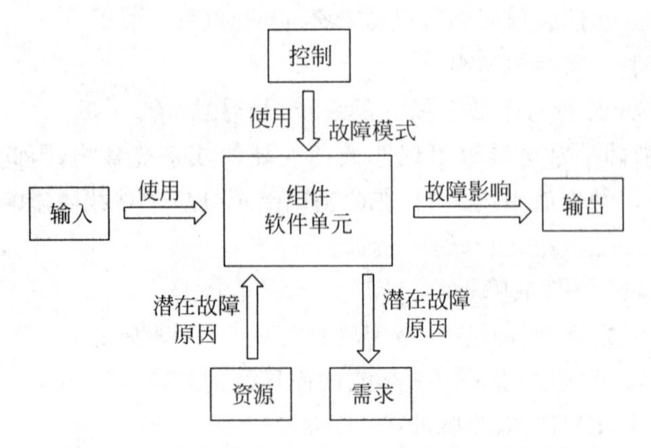

图 3-3 组件软件单元(CSU)的通用软件故障模式

在系统设计过程中,FMEA 通常将软件和硬件视为一个整体,主要针对系统功能及其关系进行分析。

在分析类似于核安全级 DCS 的软硬件综合系统时,推荐的做法是沿着系统功能向下跟踪分支,以识别组件软件单元(CSU)、它们的潜在故障模式,进而识别潜在的故障影响以及潜在的原因。

值得注意的是,FMEA 一次只分析 1 个故障模式,这意味着 FMEA 并不解决多故障组合或共因故障。总的来说,软件 FMEA 是提高软件可靠性的一种有效方法。

3.1.7.2 以可靠性为中心的维修中的 FMEA

应用 RCM(以可靠性为中心的维修)来制定维修计划,需要清楚地掌握设备的功能、故障和后果。这些信息可以通过 FMEA 工作来识别。

如果 FMEA 分析逻辑符合 RCM 标准(IEC 60300-3-11)的要求,则 FMEA 和关键性分析方法适用于 RCM,可以支持维修计划的确定。

3.1.7.3 安全相关系统的 FMEA

安全相关系统,是指通过执行预设的安全功能,以确保受控对象(equipment under control,EUC)的安全风险处于广泛可接受的状态,这些安全功能最终目的是确保环境破坏、人员伤亡和设备损坏的风险可控。

在某些特定应用场景下,1 个安全相关系统不足以完全控制安全风险,需要与其他风险降低措施一起,共同将安全风险控制在广泛可接受的范围内。

在对安全相关系统设计安全相关功能或分析风险时,FMEA 是一种有效的方法。

IEC 61508 和 IEC 62061 要求在安全相关系统研发过程中，应使用 FMEA 对需求、设计方案进行分析评估，作为安全相关功能设计时的依据。一般情况下，安全功能的故障模式可分为安全或危险两大类。将系统断电状态（停机状态）作为安全状态，当核安全级 DCS 执行“断开—保护”功能时，断电系统设计的故障可被视为安全故障，但在执行“启动—保护”功能时，可能会变成危险故障。

一些安全标准要求安全相关系统具备较高的故障诊断覆盖率，当影响安全功能的单一故障发生时，系统有能力进入安全状态或保持安全状态，比如通过功能冗余，概括来说，这是安全相关系统应满足的单一故障准则。FMEA 提供了一种系统化的方法来评估和验证安全相关系统能否满足单一故障准则要求，即系统不会因为单一故障而丧失安全功能。

对于安全相关系统，在确定故障模式处理的优先顺序时，主要考虑失效影响，而把经济性放在第二位。因此，故障处理机制以保持安全状态为主，如下所示：

- 识别或检测发生的危险故障并导向安全状态；
- 向用户发送设备的安全状态；
- 降低发生危险故障的可能性；
- 消除或降低人因错误导致的失效率。

在安全相关系统的开发阶段，可开展系统级 FMEA，用以评估系统中所有部件的故障模式和影响以及它们之间的相互作用，以确定它们对系统安全性的影响。

在 FMEA 的基础上，可进行风险量度，基于危害严酷度和概率定性评估的风险量度方法与前文介绍的关键性分析方法（RPN）类似。IEC 62061 中给出了基于电气、电子和可编程电子技术的安全相关系统的风险量度方法，其主要通过伤害概率来表征。

伤害概率主要考虑：

- 人员接触危险的频率和持续时间；
- 发生危险事件的概率；
- 避免或限制伤害的能力。

这三个因素与严酷度级别一起，用于评估必要的风险降低要求，安全相关标准中都有类似的分级，例如，IEC 61508（所有部分）和 IEC 62061 使用术语 SIL（安全完整性等级）进行分级。

对于安全相关系统，由于诊断功能的重要性，工业安全领域的可靠性人员在 FMEA 基础上增加了诊断分析（DA），形成了 FMEDA 技术，即故障模式、影响和诊断分析（FMEDA）。

诊断功能，即系统或子系统检测内部故障的能力（最好是通过自动在线诊断），对于正常情况下因随机故障、系统性故障或共因故障而无法执行预设安全功能的安全相关系统（如低需求模式的紧急停堆系统（ESD 系统）、核安全级 DCS 系统）至关重要。在对系统的安全相关完整性进行评估时，应为所有被分析对象添加定量失效率数据(故障模式频数比和故障模式失效率)。此外,故障诊断能力是可以量化的。IEC 61508 就提供了一种非常好的量化方法,它将电子设备的故障模式分为三类,当一种诊断措施能够诊断到第一类时,则诊断措施有效性为低,诊断覆盖率可宣称 60%;当诊断措施能够诊断到第二类时,则诊断有效性为中,诊断覆盖率可宣称为 90%;当诊断措施能够诊断到第三类时,则诊断有效性为高,诊断覆盖率可宣称为 99%。

如果所分析对象是电子板卡,则失效率应有随附文件,证明其来源的合理性。来自于现场运行经验的数据最佳,若现场运行经验不足可采用可靠性预计的方法来获取。每个元器件的失效率都应从合适的数据库中获取,例如核电行业通常采用 MIL-HDBK-217F 获取失效率数据,其他功能安全领域则倾向于从 SN29500 获取失效率数据。失效率单位为 FIT,表示每小时 10^{-9} 次故障。此外,故障模式频数比可从类似来源或标准(如 IEC 61709)中得出,其值通常以总数的百分比给出。

上述过程,通过 FMEDA 可以很好地完成。首先,FMEDA 可以识别出元器件的故障模式和故障影响;其次,将电子元器件的失效率数据填写在每一个元器件的故障模式后面,在此基础上开始分析该故障模式发生时,系统故障诊断功能可以达到的有效性。按照这种方式遍历分析每一个元器件的每一个失效模式,最终可得到整个电子板卡的 FMEDA 表格。通过此表格,可以很方便地得到该板卡的失效率数据和诊断覆盖率信息,为系统级可靠性评估提供输入。

3.1.7.4 FMEA 用于复杂系统的可靠性分配

FMEA 可用于复杂关键系统,从军用系统到民用系统,包括航空航天、武器装备、供水、排水、运输、通信和电力生产和配电等。在这些系统中,RAMSN 要求可以在 FMEA 工作的支持下,分配给系统的子系统或部件。可以通过定制的 FMEA 来分析每个部件的故障特征,以了解它们作为公共部件和冗余应用时对系统的影响。

在一个复杂系统的 FMEA 实施过程中,故障发生频率、概率、速率或其他相关的故障量度指标可以分配给系统的每个失效模式,以满足系统的可接受风险为目标,使用风险矩阵分配每个系统故障模式的失效概率。

接下来,从系统的最低约定层次开始,每个故障模式的局部影响可以向上逐级传递,最终达到系统级别,利用失效率和故障严酷度评估每个系统故障模式的实际风险。然后,将这些实际风险评估与可接受风险水平进行比较。当实际风险超过可接受值时,应追溯其来源,以确定超过可接受风险的较低级别的组件或部件。

然后采取控制措施,例如优化设计,或提升运维投入,来降低该组件或部件的失效概率,或采取其他措施减轻其失效影响,从而降低部件的关键性以及故障模式风险。

这种自上而下的过程如图 3-4 所示。

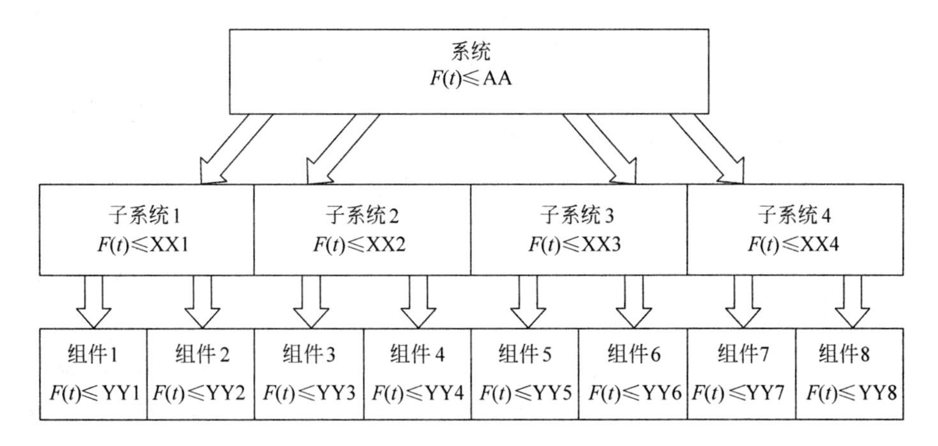

图 3-4 系统故障概率分配

通常认为，如果较低级别组件的关键性和风险不超过可接受水平，则无需采取任何措施。但是，当存在许多类似组件时，情况就有所不同，这些组件可能会对子系统或系统造成相同的影响，具有相同系统影响的所有组件或部件的总失效概率之和不应超过其所在组件的可接受失效概率。

3.2 核安全级 DCS 故障模式分级

应用前文所述的 FMEA 方法，可识别出核安全级 DCS 的故障模式。故障模式是故障诊断设计的依据和基础，诊断措施的设计将针对具体的故障模式开展，但诊断到故障后如何处理，就不能像设计诊断措施那样，每一个故障模式设计一种故障处理机制，这样无法形成有效的报警管理策略，同时还因不必要的复杂度而造成设计资源浪费。必须要根据每一个故障模式造成的最终影响进行分类与分级，故障类别与故障级别不应过多，在这样的约束条件下，故障处理机制的设计才能切实可行。

3.2.1 故障模式分类

核安全级 DCS 的故障模式，主要是按照故障发生的部位来划分，主要有两类：内部故障和通信故障。

内部故障是指故障发生后可明确定位到核安全级 DCS 硬件单产品上的故障模式，例如 CPU 故障、内存故障等，内部故障通常比较严重但容易确定，可通过设计专用诊断措施和故障处理状态，帮助现场人员在此类故障发生时，直接将故障定位到最小可更换单元。

通信故障是指故障发生在核安全级 DCS 硬件单产品的通信接口或与其他设

备的通信链路上,此类故障后果不如内部故障严重,但不容易定位。若通信故障发生后直接将设备置于故障处理状态,存在误报警的风险。因此,当通信故障发生后,通信双方无法判断是自身故障还是通信对象故障,为了避免不处理此类故障而导致安全性降低,同时兼顾报警的准确性,通信故障的处理机制需要设置一个反映通信数据是否真实有效的质量位,由接收方根据此质量位数值来决定是否采用此通信数据,并将通信故障上报。

3.2.2 故障模式分级

核安全级 DCS 故障模式分级,通常有两种方式。一种是根据对应用功能的影响来分级,无论是任何部件,只要其发生故障后对应用功能造成的影响一样,其故障等级就相同。另一种方式是根据对平台功能的影响来分级,这种分级方式不考虑对应用功能的影响,只考虑故障对平台(典型如一个控制站)功能完整性的影响。一般而言,对平台处理功能造成影响的故障最严重,对平台 I/O 类设备造成影响的故障最轻微。在本书中,以第二种方式来进行分级,下文将进行详细描述。

4 核安全级DCS故障诊断需求

4.1 需求的重要性

核安全级 DCS 研发过程中，需求开发是至关重要的环节。核安全级 DCS 是大型复杂电子系统，开发一套核安全级 DCS 面临如下挑战。

(1) 满足安全性要求。核安全级 DCS 的主要功能是保证核电厂在各类正常或异常工况下能够正确、及时地执行安全功能，将核电厂的风险控制在广泛可接受的范围之内。

(2) 更高的 RAMSN 特性。高 RAMSN 特性是核安全级 DCS 提升核电厂整体安全性和经济性的重要保障。随着核电行业的发展，核安全级 DCS 的使用量大幅增加，从概率论的角度出发，如果核安全级 DCS 的质量没有显著提升，在越来越大的应用样本中，核安全级 DCS 出现故障的频率会逐渐增加，这将使监管机构与用户对相应的核安全级 DCS 产生负面印象。因此，只有持续提升核安全级 DCS 的产品质量，才能保证在大样本的前提下，失效率控制在广泛可接受的范围以内。

(3) 更短的开发时间。日益竞争激烈的核电行业要求更快地实现客户需求，缩短核电厂从核准到商运的建设时间，这就要求每一个子系统都要缩短研发与工程应用时间。

(4) 更高的经济性。核电行业整体市场目前仍处于缓慢增长的状态，竞争厂商的增多、客户对于成本的控制，要求核安全级 DCS 在保证安全性和高质量的前提下提升经济性，这样仪控供应商才能在市场上立于不败之地。

总而言之，安全性与质量持续提升的核安全级 DCS 必须以更高的经济性、更短的时间进行开发与实施。

如何精准定义核安全级 DCS 的功能、性能、规模、易用性和质量，是核安全级 DCS 应对上述挑战所面临的关键难题，而解决此难题的重任通常落在需求开发上。因此，需求开发是核安全级 DCS 的关键工作之一。

4.2 核安全级DCS需求开发方法

核安全级DCS需求开发分为5个阶段：计划阶段、需求收集阶段、需求分析阶段、需求组织阶段和需求验证阶段。下文将详细介绍这5个阶段的工作内容。

4.2.1 计划阶段

在计划阶段，需求开发人员应对规划类文件（如科技规划、产品开发规划及项目立项策划报告等）进行分析，根据规划要求编写需求开发计划。

需求开发计划可包含以下内容。

(1) 适用堆型及系统要求。根据规划类文件中提出的适用堆型及系统的要求，确定平台的目标应用堆型及目标应用系统，根据要求确定工程应用需求、法规标准、友商产品的需求收集范围。

(2) 开发计划要求。根据规划类文件中提出的产品总体开发计划及项目进度计划，确定平台系统需求的开发工作计划及交付成果，保证平台系统需求开发工作与产品开发计划的时间进度要求相匹配。

(3) 技术路线及实施方案。根据规划类文件中提出的技术路线和实施方案要求，确定平台系统需求开发的策略，提前规避平台系统需求开发过程中可能存在的问题及风险。

(4) 产品定位及技术特征要求。规划类文件中提出的产品定位要求，应尽可能考虑以下内容：①确定平台在同行业产品中达到的技术水平；②确定友商产品分析范围。技术特征要求，应尽可能考虑以下内容：确定平台系统需求开发过程中涉及的关键技术，分析是否需要针对关键技术特征要求进行需求预研，并根据关键技术要求对相关工程应用及友商产品信息进行重点收集。

(5) 制定需求质量指标。需求开发人员可根据项目要求对平台系统需求开发工作的不同阶段制定需求质量指标（如需求变更率等）。

其中适用堆型及系统、开发计划和开发策略要求在平台系统需求开发计划中确定。当规划类文件中没有明确要求时，需求开发人员应给出自己的建议并通过项目组评审。

由于需求开发工作是一个复杂的过程，一般可分为多个阶段进行。需求开发人员应在需求开发计划中明确各个阶段的活动。

平台系统需求开发计划活动的输出成果为《××核安全级DCS需求开发计划》。

4.2.2 需求收集阶段

在需求收集阶段，需求开发人员应从规划类文件、工程应用需求、友商产品信息、法规标准、经验反馈几个方面收集需求。

需求开发人员应对平台系统需求收集文件清单中的文件进行分类，分为遵循和参考两类文件。

各类来源的收集渠道可参考表4-1。

表4-1 各类来源的收集渠道

各类来源	收集内容	收集渠道
规划类文件	规划类文件对产品的要求	产品线传递
法规标准	法规标准对产品的要求	政府官网下载或公司标准库中获取
工程应用需求	适用堆型的目标应用系统对产品的要求；设计院、工程公司、业主的经验反馈	工程应用需求责任人传递
经验反馈	对产品(如上一代产品或相同特征产品等)的反馈	上一代或相同特征产品的问题清单，如系统测试问题清单、系统验证与确认(verification and validation，V&V)问题清单、工程测试问题清单等； 自产品市场前期工作任务单
友商产品信息	友商产品的架构、功能及性能	友商厂家网站相关公开信息； 监管、研究机构网站相关公开信息； 实际电站调研； 仪控展会(如仪控大会或行业展会)

需求开发人员应针对适用堆型的目标应用系统开展工程应用需求的收集。对于工程应用需求中含义不清晰或互相矛盾的内容，需求开发人员可对工程应用需求进行澄清及预分析，并将澄清及预分析结果与工程应用需求责任人确认。对于双方无法达成一致的需求，需求开发人员应召集相关方讨论并形成最终决策意见。

需求开发人员根据需求开发计划中明确的友商产品厂家、型号及版本，可从以下几个方面收集资料。

(1) 平台介绍：友商产品的平台宣传手册及技术手册。

(2) 产品手册：友商产品的产品手册。

(3) 应用方案：友商产品在适用堆型及系统的应用方案，如设计说明书、维护手册等。

(4) 认证报告：如果友商产品已通过第三方认证或正处于认证过程中，如美国核电管理委员会(nuclear regulatory commission，NRC)认证、德国技术监督协会认证等，需求开发人员应收集相关认证报告及认证过程中的问题记录。

需求开发人员根据平台系统需求开发计划中确定的应用系统特点及产品定位，选取国内外适用的法规、导则、标准及技术报告等。法规标准可从以下几个方面进行收集(包括但不限于)：

(1) 中国核电站相关法规标准，如HAF、HAD、GB、EJ、NB等；

(2) 国际核电站相关法规标准，如 SF(Safety Fundamentals)、SSR(Special Safety Requirements)、SSG(Special Safety Guides)、IEC 标准等；

(3) 美国核电站相关法规标准，如 CFR50、RG、IEEE 标准等。

需求开发人员可在公司的标准库中查找具体法规标准，其中法律、法规、导则类为公开文件，可在政府官网下载，其他法规标准类文件如果是公司标准库中没有的标准，可按公司相关流程申请购买。

需求开发人员根据平台系统需求开发计划收集经验反馈。需求开发人员在收集完成后，应对经验反馈进行初步分析得到反馈对产品的要求。需求开发人员应与产品研发人员共同研究并确定经验反馈的处理方法(如放入需求库中、产品不实现或产品已实现等)。经验反馈的分析结果为初步分析结果，最终分析结果应在完成基础分析后确定。

4.2.3 需求分析阶段

在需求分析阶段，需求开发人员对需求输入文件清单中的文件进行分析。需求开发人员首先对需求收集文件清单中的文件进行基础分析，形成分析过程记录及需求分析报告；然后对分析过程记录进行梳理，确定每条分析记录与功能单元的映射关系。基础分析工作包含以下内容。

(1) 需求开发人员对工程应用需求进行分析，获取工程应用需求对产品的要求或偏差项，根据分析结果编写工程应用需求分析报告。

(2) 友商产品信息分析可根据项目实际情况进行增减。需求开发人员对需求输入文件清单中的友商产品相关文件进行分析，得到各友商产品的数据库及分析报告。友商产品数据库及分析报告用于专项分析时参考，不作为必须遵循的文件。

(3) 需求开发人员对需求输入文件清单中的法规标准进行分析，获取法规标准对产品的影响，得到需求分析过程记录单。需求开发人员基于此记录单形成法规标准的需求分析报告。需求分析人员在分析法规标准时可参考监管机构或第三方认证机构对法规标准的解读，用于加深对法规标准的理解。

(4) 需求开发人员应对收集的经验反馈进行分析，确定各条反馈对产品的影响。需求开发人员将所有经验反馈的分析结果写在需求分析报告中。

基础分析工作完成之后，开始进行功能单元分析，需求开发人员根据功能单元对需求分析过程记录单及分析报告进行整理，确定每个功能单元对应的分析文件。需求开发人员对每个功能单元进行梳理，对需求模型进行填充。

功能单元分析完成后，再进行综合分析。针对存在多个来源需要进行综合评价的技术点，需求开发人员应召集产品设计相关负责人共同讨论，当不同方案可能对工程应用产生影响时，应召集工程应用人员共同讨论。讨论过程中需求开发人员应说明需求来源及需求分析过程，说明每种方案的优缺点，并给出建议方案。

4.2.4 需求组织阶段

需求条目组织的目的，是根据需求分析结果对需求条目进行分类组织整理，并对其进行需求定义从而使其规范化。

需求条目组织包括以下几个步骤。

(1) 需求分类整理。需求分类的目的是从需求分析报告中整理出具体需求并进行初步条目化，使各条需求内容保持完整、分类清晰明确、需求颗粒度最小。

(2) 需求定义。将初步条目化的需求项按照需求条目定义给出的格式整理成规范的表达形式。一个完整的需求条目定义至少包括以下元素：需求项编码，需求项名称，需求项内容描述。

(3) 需求条目组织输出。上述组织定义工作完成后，需求开发人员可根据需要将需求条目汇总形成需求库。

(4) 需求版本发布。根据产品规划，确定各条需求相应的版本计划，并发布核安全级 DCS 的正式需求，作为产品研发与工程实施的重要输入。

4.2.5 需求验证阶段

当需求开发计划中包含需求验证活动时，需求验证工作启动。需求验证可分为产品开发前需求验证及产品开发后需求验证。产品开发前需求验证主要针对可经过理论计算分析验证的需求，如系统负荷指标等；产品开发后需求验证可基于系统集成调试开展。

4.3 核安全级 DCS 故障诊断需求

根据前文介绍的核安全级 DCS 需求开发方法，可以开发出核安全级 DCS 各类需求。本书主要讨论 RAMSN 特性中的故障诊断需求，其他内容不再赘述。

故障诊断需求主要定义核安全级 DCS 的诊断范围（对象）、诊断措施、诊断覆盖率和诊断周期，这些需求的确定过程通常有先后顺序：首先确定诊断范围，其次确定诊断措施，再进一步确定诊断措施的诊断覆盖率和诊断周期，最后确定报警指示方式。

4.3.1 故障诊断范围

对于数字化仪控系统，在资源允许的情况下，应设计足够多的故障诊断措施，以覆盖故障发生时对仪控系统主要功能产生影响的功能单元，即表 4-2 中所有功能单元。

对于核安全级 DCS，对于故障后会影响安全功能的功能单元，要求达到全范围诊断,故障诊断措施的诊断范围应覆盖所有构成此类功能单元的部件;若诊断范围不能完全覆盖,则应通过定期试验或者其他周期性诊断方式检测故障诊断措施不能覆盖的部分,并给出充分的证据证明:在此情况下仪控系统的安全性可以得到保证。

对于非安全级 DCS,不强制要求全范围覆盖。原则上,在条件允许的情况下,对其主要功能有影响的功能单元都应设计诊断措施进行监视;若条件不允许,可适当降低要求,最低要求为:数据输入、数据处理(不包括时钟)、数据输出和供电必须设计诊断措施。

由前述内容可知,典型核安全级 DCS 通常由以下部分构成。

(1) 数据采集:模拟量采集单元(AI)、数字量采集单元(DI)等。

(2) 数据存储:非易失性存储单元、易失性存储单元等。

(3) 数据处理:数据处理单元(FPGA/CPLD 类、CPU/MCU 类)、时钟等。

(4) 数据通信:总线型网络、点对点型网络、环型网络等。

(5) 数据输出:数字量输出单元(DO)、模拟量输出单元(AO)等。

(6) 人机交互:触摸屏、显示屏等。

(7) 供电:AC/DC、DC/DC 等。

(8) 附件:机柜、机箱、通信介质等。

(9) 现场接口:AI 接口、DI 接口、AO 接口、DO 接口等。

采用 4.2 节介绍的方法,开展核安全级 DCS 故障诊断需求开发工作,可得核安全级 DCS 通用故障模式和设备状态,如表 4-2 所示。

表 4-2 核安全级 DCS 通用故障模式和设备状态

组成部分	子功能单元	通用故障模式
数据输入	模拟量采集单元(AI)	AI 信号采集值超量程上限
		AI 信号采集值超量程下限
		AI 信号采集值大于实际值
		AI 信号采集值小于实际值
		AI 信号采集值恒为某固定值
	数字量采集单元(DI)	DI 信号采集值恒定
		DI 信号采集值与实际不符
		DI 信号采集值抖动
数据处理	FPGA/CPLD 类	数据接收功能单元失效
		数据处理功能单元失效
		数据发送功能单元失效
		时钟功能单元失效
		内部易失性存储单元失效
		内部非易失性存储单元失效

续表

组成部分	子功能单元	通用故障模式
数据处理	CPU/MCU 类	内部寄存器故障
		内部 RAM 故障
		指令译码与执行故障
		程序指针与堆栈指针故障
		程序顺序执行异常
	时钟	时钟频率过快
		时钟频率过慢
		无输出
数据存储	非易失性存储器	存储单元数据错误
	易失性存储器	存储单元发生固定故障
		存储单元发生耦合故障
		软失效导致信息被更改
数据通信	总线型、点对点型、多节点型	corruption(数据损坏)
		unintended repetition(非预期重发)
		incorrect sequence(顺序错误)
		loss(丢失)
		unacceptable delay(超时)
		insertion(误插入)
		masquerade(数据伪装)
		addressing(地址错误)
数据输出	模拟量输出单元(AO)	AO 信号实际输出值大于期望值
		AO 信号实际输出值小于期望值
		AO 信号实际输出值恒为某固定值
	数字量输出单元(DO)	DO 信号输出值恒定
		DO 信号输出值与预期不符
人机交互	触摸屏	触摸屏不响应
		触摸屏错误响应
	显示屏	显示屏黑屏
		显示画面不更新
		显示屏花屏
供电	AC/DC、DC/DC 等	过压
		欠压
		无输出
附件	机柜	机柜温度超上限
		风扇状态异常
		机柜门打开

续表

组成部分	子功能单元	通用故障模式
现场接口	AI 接口	现场信号线开路
		现场信号线短路
		输入过压
		输入过流
	DI 接口	现场信号恒定
		输入过压
		输入过流
	AO 接口	现场信号线开路
		现场信号线短路
		接口过压
		接口过流
	DO 接口	输出信号恒定
		接口过压
		接口过流

4.3.2 故障诊断措施

核安全级 DCS 的典型故障模式可采用的诊断措施，如表 4-3 所示。

表 4-3 核安全级 DCS 推荐诊断措施

子功能单元	通用故障模式	推荐诊断措施	有效性
模拟量采集单元(AI)	AI 信号采集值超量程上限	超量程检测	高
	AI 信号采集值超量程下限	超量程检测	高
	AI 信号采集值大于实际值	AI 动态自检	高
	AI 信号采集值小于实际值	AI 动态自检	高
	AI 信号采集值恒为某固定值	AI 动态自检	高
数字量采集单元(DI)	DI 信号采集值恒定	test pattern(测试图板)	高
	DI 信号采集值与实际不符	冗余硬件采集比较	中
	DI 信号采集值抖动	冗余硬件采集比较	中
FPGA/CPLD 类	数据接收功能单元失效	通信协议诊断	高
	数据处理功能单元失效	独立时基带时间窗看门狗	高
	数据发送功能单元失效	通信协议诊断	高
	时钟功能单元失效	独立时基带时间窗看门狗	高
	内部易失性存储单元失效	三模冗余	高
	内部非易失性存储单元失效	CRC 校验	高
CPU/MCU 类	内部寄存器故障	板检测法(0x55/0xAA)	低
	内部 RAM 故障	March C-算法	中

续表

子功能单元	通用故障模式	推荐诊断措施	有效性
CPU/MCU 类	指令译码与执行故障	指令割集遍历算法(self-test by software)	中
	程序指针与堆栈指针故障	板检测法(0x55/0xAA)	低
	程序顺序执行异常	独立时基带时间窗看门狗	高
时钟	时钟频率过快	独立时基带时间窗看门狗	高
	时钟频率过慢	独立时基带时间窗看门狗	高
	无输出	独立时基带时间窗看门狗	高
非易失性存储器(ROM)	存储单元数据错误	CRC 校验	高
易失性存储器(RAM)	存储单元发生固定故障	March C-算法	中
	存储单元发生耦合故障	March C-算法	中
	软失效导致信息被更改	March C-算法	中
总线型、点对点型、多节点型	corruption(数据损坏)	data integrity	高
	unintended repetition(非预期重发)	sequence number	高
	incorrect sequence(顺序错误)	sequence number	高
	loss(丢失)	sequence number	高
	unacceptable delay(超时)	time expectation	高
	insertion(误插入)	sequence number	高
	masquerade(数据伪装)	connection authentication	高
	addressing(地址错误)	connection authentication	高
模拟量输出单元(AO)	AO 信号实际输出值大于期望值	通道输出数据回读比较	低
	AO 信号实际输出值小于期望值	通道输出数据回读比较	低
	AO 信号实际输出值恒为某固定值	通道输出数据回读比较	低
数字量输出单元(DO)	DO 信号输出值恒定	通道动态回读自检	高
	DO 信号输出值与预期不符	通道动态回读自检	高
触摸屏	触摸屏不响应	人工检测	高
	触摸屏错误响应	人工检测	高
显示屏	显示屏黑屏	人工检测	高
	显示画面不更新	人工检测	高
	显示屏花屏	人工检测	高
AC/DC、DC/DC 等	过压	电压监控	高
	欠压	电压监控	高
	无输出	电压监控	高
机柜	机柜温度超上限	温度开关	高
	风扇状态异常	风扇监视单元	高
	机柜门打开	行程开关	高

续表

子功能单元	通用故障模式	推荐诊断措施	有效性
AI 接口	现场信号线开路(断线)	超量程检测	高
	现场信号线短路	超量程检测	高
	输入过压	过压防护	高
	输入过流	过流防护	高
DI 接口	输入过压	过压防护	高
	输入过流	过流防护	高
AO 接口	现场信号线开路(断线)	通道输出数据回读比较	低
	现场信号线短路	通道输出数据回读比较	低
	接口过压	过压防护	高
	接口过流	过流防护	高
DO 接口	接口过压	过压防护	高
	接口过流	过流防护	高

表 4-3 中提到的有效性,对于故障诊断措施而言,是表征故障诊断能力的重要指标。诊断有效性高,说明故障诊断措施能够检测到相应功能单元更多的故障模式。

对于安全级数字化仪控系统,硬件故障裕度(HFT)不低于 2 的架构,诊断措施的有效性至少为中;硬件故障裕度(HFT)低于 2 的架构,诊断措施的有效性应全为高。若诊断有效性无法满足要求的情况,应给出充分的证据证明此情况下仪控系统的安全性可以得到保证。

对于非安全级数字化仪控系统,无诊断有效性强制要求,原则上越高越好,可根据实际条件适当调整。最低要求为:所有诊断措施的有效性应达到低有效性。

4.3.3 诊断覆盖率与诊断周期

诊断覆盖率是故障诊断措施能力的量化体现,其含义是:诊断措施能够诊断到的故障模式失效率与所有故障模式失效率的比值。诊断覆盖率越高,不可诊断故障模式就越低。对于核安全级 DCS 而言,高诊断覆盖率意味着低风险,因此提升其安全性的主要技术手段之一就是提升其诊断覆盖率。从需求的角度,会对核安全级 DCS 的功能单元提出诊断覆盖率指标要求,产品研发人员会根据产品形态和重要度将该诊断覆盖率指标要求分配给具体硬件产品甚至内部电路功能单元。一般情况下,核安全级 DCS 的诊断覆盖率不低于 90%,关键功能单元的诊断覆盖率往往能够达到 99%及以上。

诊断周期描述了诊断功能的执行频率,对于在线诊断措施,诊断周期一般在一个控制周期以内,只有内存或大规模的通道电路会分批分区诊断。对于核安全级 DCS,一个控制周期为 200ms。在定义诊断周期需求时,要根据不同诊断措施的实际情况来进行。

4.3.4 报警指示

故障诊断措施将实时诊断信息转化成报警信号，进行本地报警和远程报警，帮助维护人员迅速定位并排除故障。

故障诊断措施产生的实时诊断信息应进行记录，对于检测到故障或异常的诊断信息应永久保存，而没有检测到故障或异常的诊断信息也应保存一定时间，时间长度原则上越长越好，可以根据实际情况进行调整。诊断信息应足够详细，至少能够区分表示是哪一个功能单元发生了故障，若条件允许，则应做到能够区分表示表 4-2 中给出的每一种故障模式。

报警指示分为本地报警和远程报警。本地报警主要包括设备状态指示和机柜状态指示。设备状态指示：对于每一个智能设备，应配置运行灯、故障灯、通信灯、电源灯，I/O 类智能设备还应配置 I/O 通道指示灯；每一个控制站的主处理单元应配置一个能够指示详细故障模式(通过故障编码等方式)的数码指示阵列。机柜状态指示：故障发生后，应通过机柜灯指示柜内设备的异常情况；机柜还应配置可以区分故障等级的指示设备。

核安全级 DCS 发生故障后，应将诊断信息传输至主控制室，通知操作员故障情况。由于主控制室中监视设备一般只需要控制站层级的诊断信息，故数字化仪控系统的原始诊断信息应经过合并处理，形成仅反映控制站故障等级的报警点。

5 核安全级DCS故障诊断方案设计

5.1 故障诊断总体技术路线

故障诊断功能是核安全级 DCS 的关键功能之一,通过对自身软硬件设备的运行状态进行实时监视,核安全级 DCS 在检测到故障发生后能够触发故障处理和相应的报警指示。故障诊断功能越强,核安全级 DCS 的诊断覆盖率就越高,故障报警指示越清晰和准确,可以使得维护人员在执行日常维护和故障维修工作时缩短故障定位时间,直接提升了核安全级 DCS 的维修性,进而提升其安全性。因此,故障诊断功能的优劣对核安全级仪控系统本身的 RAMSN 特性,以及核电站整体的安全性和可用性有重要意义。核电行业相关的标准和技术报告对故障诊断功能提出了相应的要求和约束,IEC 61513 要求应充分地探测故障和错误,且提供出充分、正确的故障诊断信息;IEC 60880 要求软件要周期性地对硬件和软件进行监视;IEC 60671 要求所有可诊断故障必须上报并通知操作员和维护人员。

由前文可知,故障模式是故障诊断功能的对象,因此故障分析工作是故障诊断功能的设计基础,故障分析与故障处理设计、诊断措施设计、报警指示方案设计构成了反应堆保护系统故障诊断功能的设计工作。

故障诊断功能的核心是检测自身状态并将诊断信息上报,供故障处理与报警指示使用,最终帮助维护人员排除故障。如图 5-1 所示为故障诊断功能原理示意图。

由故障诊断原理可知,异常状态是故障诊断功能的对象,因此故障分析工作是故障诊断功能的设计基础。故障分析与故障处理设计、诊断措施设计、报警指示方案设计构成了反应堆保护系统故障诊断功能的设计工作。故障诊断方案设计具有以下特点。

(1) 故障诊断功能设计。诊断措施周期运行,范围涵盖信号采集、信号处理、数据通信和信号输出等设备,一旦检测到异常,将通过数据质量信息或设备状态信息上报故障,作为后续报警指示的依据。

(2) 故障处理功能设计。检测到异常状态后,系统为了确保核电站的安全运行,将会根据故障等级触发故障处理机制,将自身的运行状态、输出保持在可控

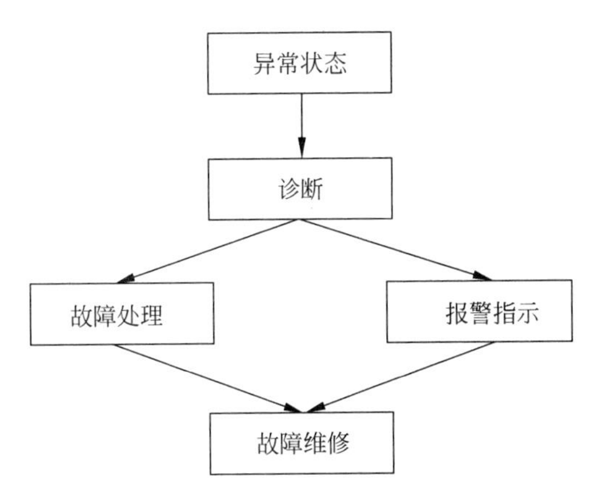

图 5-1 故障诊断功能原理示意图

状态。

(3) 报警指示功能设计,包括远程报警指示和本地报警。本地报警主要指板卡报警和机柜报警;远程报警主要指主控室报警。故障发生后,在主控室的操作员会注意到核安全级 DCS 发生了故障,这时操作员会通知维护人员前往故障设备区域排查,维护人员再根据机柜报警和板卡报警信息定位故障,进而开展接下来的故障排除工作。

5.1.1 故障诊断功能设计基准

故障诊断功能设计基准,即核安全级 DCS 中的诊断对象,主要包括板卡设备故障、机柜温度超上限和机柜风扇故障等异常状态,通过 RAMSN 评估和经验反馈确定。

对识别到的异常状态,应根据 RAMSN 评估出的影响严酷度进行分级。以核安全级 DCS 的主要形态——控制站子系统(包含主处理功能模块、通信功能模块、现场输入/输出模块)为例,可将异常状态分为三级。

(1) 输入/输出异常。此类故障发生后,现场控制站采集功能或输出功能失效,而数据通信和数据处理功能正常。

(2) 设备故障。此类故障发生后,控制站部分数据通信功能失效,而数据处理功能正常。

(3) 功能失效。此类故障发生后,控制站整体安全功能完全丧失。

核安全级 DCS 除了控制站子系统,还有安全控制显示单元子系统。由于没有输入/输出模块,因此其异常状态可分为两级:设备故障和功能失效。识别出所有形态子系统的异常状态并进行分级,即确定核安全级 DCS 的故障诊断功能设计基准。

5.1.2 故障诊断功能设计

故障诊断以故障诊断功能设计基准为输入，通过软硬件设计，使得核安全级DCS对设计基准中的异常状态具备实时监视能力。具备故障诊断功能的智能板卡可对自身状态进行实时监视，还能对与之相连的非智能设备进行实时监视。故障诊断功能的设计流程见图5-2。具体描述如下：

(1) 根据故障诊断功能设计基准确定的等级信息，初步确定适用于异常状态的诊断措施。

(2) 根据选定的诊断措施，细化诊断方案，确定硬件诊断电路原理和软件诊断机制。

(3) 针对详细诊断措施方案，进行RAMSN评估，确保此详细诊断措施方案实际的诊断有效性满足要求。

按照上述流程，遍历故障诊断功能设计基准中的所有异常状态。

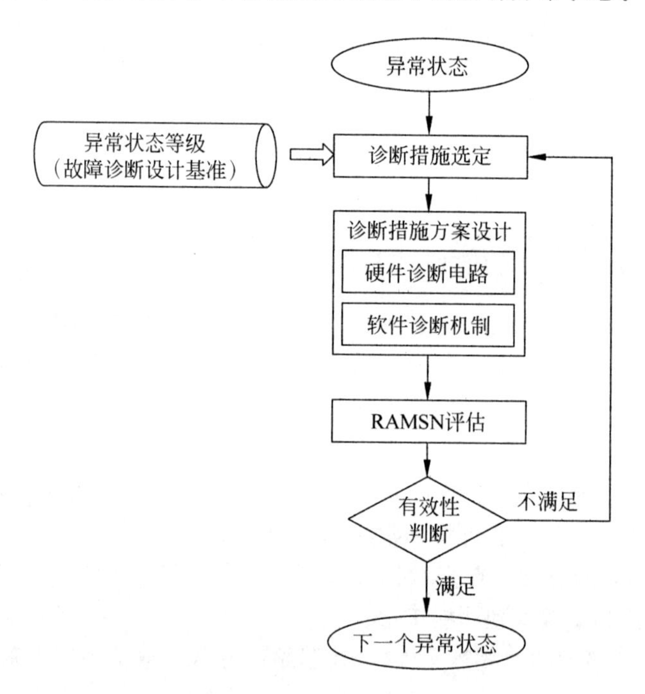

图5-2 故障诊断功能设计流程

在详细诊断措施设计过程中，应在满足诊断有效性的基础上，采用尽可能简单的设计方案，避免诊断措施方案过于复杂而引入设计缺陷，以及不必要的研发成本。

故障处理是核安全级DCS的关键特性，检测到自身故障后，核安全级DCS根据故障等级采取相应的处理措施，包括更改输出数据质量位、输出默认值、复位重启、进入故障处理状态等方式。

具体设计流程见图 5-3。

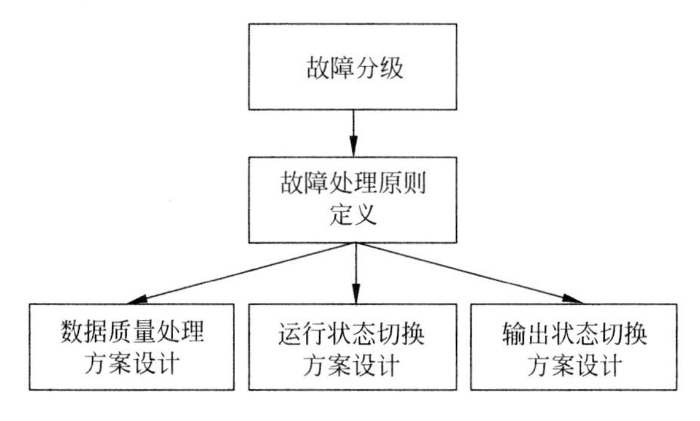

图 5-3 故障处理方案设计流程

核安全级 DCS 的报警指示功能，对于操作员和维护人员执行维修活动可起到重要作用，通过不同层次的报警信息，帮助操作员和维护人员逐步定位故障。其典型过程如图 5-4 所示。

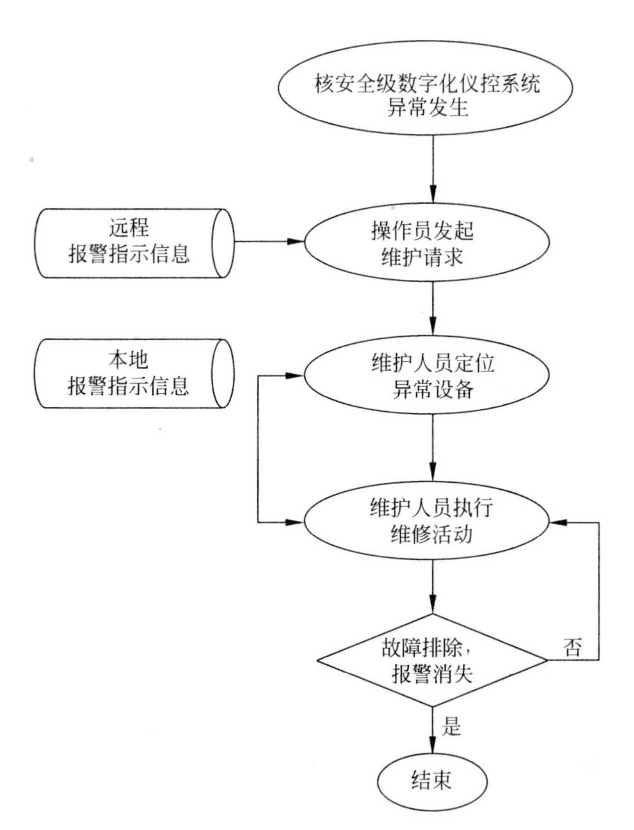

图 5-4 现场异常典型处理流程

由图 5-4 可知，核安全级 DCS 报警指示功能至少包括远程报警指示功能和本地报警指示功能。

（1）远程报警指示功能：为操作员提供精确简洁的报警信息，全面显示核安全级 DCS 的控制站级状态信息，帮助操作员在异常发生时迅速判断异常等级，确定异常所在控制站。

（2）本地报警指示功能：通过机柜灯、状态指示屏和维护工具等方式显示状态信息，帮助维护人员执行日常维护和定位故障。

无论是本地报警还是远程报警，都需要核安全级 DCS 将诊断信息开放并上报，并进行应用设计才能实现整体报警指示功能。诊断信息上报方案的设计内容如下。

（1）板卡诊断信息传输方案设计：定义智能板卡诊断信息的存储方式、数据格式、通信接口和通信机制。

（2）系统诊断信息传输方案设计：根据系统的特点，确定集中处理诊断信息的板卡，并设计从各个板卡到诊断信息集中处理板卡的诊断信息传输方案，在此基础上设计系统级诊断信息的格式化处理、存储和站级通信方案。

综合考虑诊断信息传输路径、报警指示等级和颗粒度，核安全级 DCS 的报警指示方案见图 5-5。

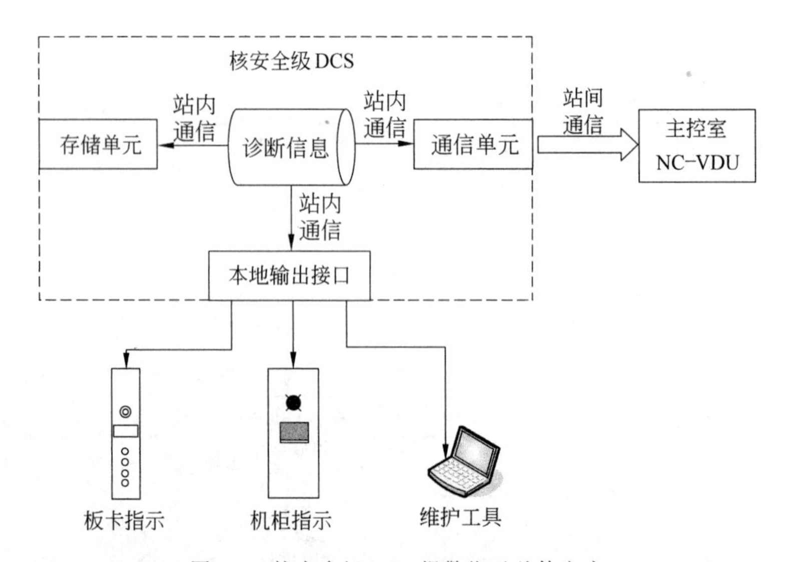

图 5-5　核安全级 DCS 报警指示总体方案

5.1.3　核安全级 DCS 故障诊断详细设计依据

IEC 61508 系列功能安全标准对电子系统常见的故障诊断技术措施和方法进行专业的总结和说明，并给出了各种故障诊断技术措施和方法可达到的最高有效性限定，这将是故障诊断设计技术实现的最佳参考和建议，也是基于 IEC 61508 系列标准进行功能安全认证评估的主要参考依据。由于核电领域相关技术标准仅说明了关键器件和功能单元需要进行故障诊断，但具体如何设计实现，并无可执行的方法，因此，关于故障诊断设计技术的实现，核安全级 DCS 可以在核安全要求的大框架内，依据 IEC 61508 所推荐的技术措施和方法，结合企业平台软硬件产品的具体特点，给出相应的故障诊断设计实现方案。

根据图 5-2 所示的故障诊断设计流程，可得核安全级 DCS 的故障诊断设计方法如图 5-6 所示。

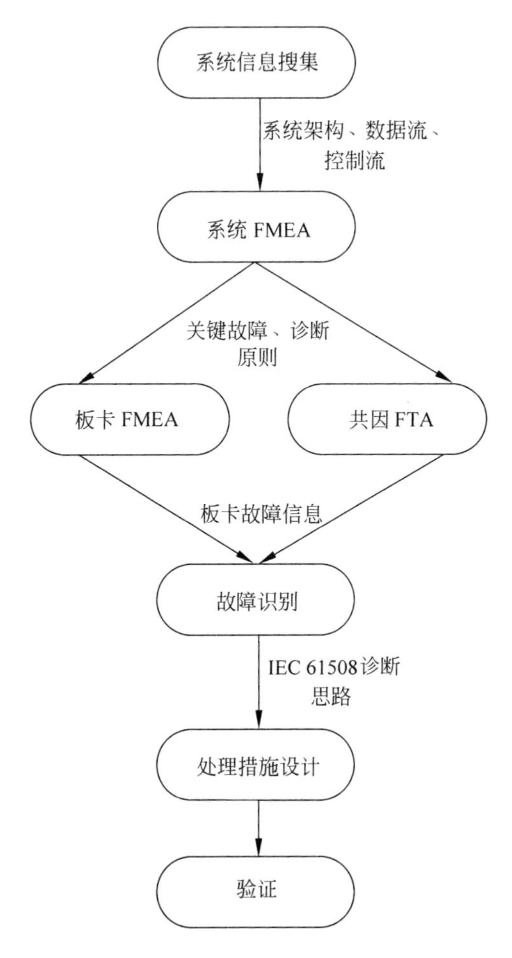

图 5-6 核安全级 DCS 故障诊断设计方法

(1) 故障识别。根据第 2 章介绍的内容，应用 FMEA 技术进行故障识别。FMEA 需要分两步进行，首先是系统 FMEA，明确关键故障和诊断原则；接下来是板卡级 FMEA，在系统 FMEA 的基础上进一步对关键故障进行细分，在板卡层次识别关键故障。

(2) 故障处理。故障识别出来后,若没有完备的故障处理措施进行后续处理,终究会导致灾难性后果发生。因此,完整的故障诊断技术不仅要有强大的故障识别能力,还应具备完善的故障处理机制。主要采用的故障处理措施包括故障安全以及报警指示。

(3) 诊断措施。除核安全级相关的法律法规要求外,IEC 61508 作为功能安全领域的基础标准,对基于电气/电子/可编程电子技术的安全相关系统的故障诊断提供了全面的诊断措施。因此,核安全级 DCS 基于识别出来的故障的特点,在采用的具体诊断措施上,可以根据 IEC 61508 进行设计实现。

(4) 故障诊断初步设计方案完成后,可以通过故障插入测试(fault insertion test, FIT)验证其有效性。故障插入测试通过人为手段在系统中制造 FMEA 识别出来的故障,进而观察系统的响应,以验证故障诊断措施能否满足其设计目标。

故障诊断技术的定量评估是一门正在不断发展的科学,不同的故障诊断技术措施与方法的诊断有效性通过其诊断覆盖率(diagnostic coverage,DC)来评估,通常划分为三个等级,即 low(60%),medium(90%),high(99%)。但是,从这个意义上说这种定量的方法又使用了定性的手段,故实际上功能安全系统在进行故障诊断定量评估时,应遵循如下原则。

(1) 参考功能安全标准推荐的数值。这种情况适用于所使用的诊断技术完全符合标准中推荐的技术措施方法描述,且充分有效地进行了具体实现。

(2) 基于标准推荐的 DC 数值,根据诊断方法的实际情况对 DC 进行一定的修正。这种情况主要适用于所使用的诊断技术从原理上能够在标准中找到一个或多个技术措施与方法结合与之对应。

(3) 根据对诊断对象故障模式的覆盖情况,进行自我分析判定。实际上这个原则恰恰正是 IEC 61508 标准中所推荐的各种诊断方法有效性等级数值来源的主要依据,故而应当是普遍适用和合理的。

下文将针对核安全级 DCS 平台诊断措施方案、核安全级 DCS 故障诊断信息存储与传输方案来描述核安全级 DCS 的故障诊断方案。

5.2 核安全级 DCS 平台诊断措施方案

5.2.1 I/O 诊断措施设计

I/O 是指输入/输出单元,可细分为数字量输入、数字量输出、模拟量输入和模拟量输出单元,其常见的诊断措施如表 5-1 所示。

表 5-1 I/O 单元常用诊断措施

序号	诊断措施	能达到的最大诊断覆盖率	备注
1	利用在线监视检测失效	低(60%,低要求模式)、中(90%,高要求或连续模式)	依赖于失效检测的诊断覆盖率
2	测试模式	高(99%)	
3	代码保护	高(99%)	
4	多通道并行输出	高(99%)	仅当诊断测试间隔内数据流改变时才有效
5	被监视的输出	高(99%)	仅当诊断测试间隔内数据流改变时才有效

表 5-1 所示的措施具体描述如下。

(1) 利用在线监视检测失效。目的：通过监视 E/E/PE 安全相关系统在响应受控设备(EUC)正常(在线)运行时的行为来检测失效。描述：在某些条件下,可用 EUC 的时间行为信息来检测失效。例如,作为电气/电子/可编程电子(eletrical/eletronic/programmable eletronic,E/E/PE)安全相关系统组成部分的一只开关由 EUC 正常驱动,如果在预定的时间开关并未改变状态,则将检测到一次失效,通常要定位失效部位是不可能的。

(2) 测试模式。其目的是为了检测静态失效(固定型失效)和串扰。它是一种与数据流无关的输入和输出单元的循环测试,它用一种定义的测试模式来比较观测值和对应的预计值。测试模式信息、测试模式运行结果及测试模式评价都必须相互独立。受控设备不应受到不允许的测试模式的影响。

(3) 代码保护。目的：检测输入/输出数据流中随机硬件和系统性失效。描述：本诊断措施可保护输入和输出信息免受系统和随机硬件引起的失效。代码保护提供了以信息冗余和时间冗余为基础的、与数据流有关的输入/输出单元的失效检测。典型地,是把冗余信息叠加在输入或输出数据上。它可用于监视输入或输出电路。

(4) 多通道并行输出。目的：检测随机硬件失效(固定型失效)、外部影响引起的失效、定时失效、寻址失效、漂移失效和瞬态失效。描述：它是用于检测随机硬件失效的一个具有独立输出的、与数据流有关的多通道并行输出。通过外部比较器进行失效检测。当发生一次失效时,立即关掉受控设备。这种措施只有在诊断测试间隔期间数据流改变时才有效。

在设计核安全级 DCS 的 I/O 故障诊断措施时,可结合产品特点和约束条件,选用合适的诊断措施。

5.2.2 处理单元诊断措施设计

核安全级 DCS 的处理单元包括：处理器、可变存储器、不可变存储器、程序顺序和时钟。

处理器主要的故障诊断措施如表 5-2 所示。

表 5-2　处理器主要诊断措施

序号	诊断措施	能达到的最大诊断覆盖率	备注
1	比较器	高(99%)	依赖于比较的质量
2	多数表决器	高(99%)	依赖于表决的质量
3	利用软件进行自测试：漫步位(一个通道)	中(90%)	
4	利用软件进行自测试：有限数量的模板(一个通道)	中(90%)	

表 5-2 所示措施具体描述如下。

(1) 比较器。其目的是为了尽早检测一个独立处理单元或者比较器中的(非同时的)失效。利用一个硬件比较器周期性地或者连续地比较独立处理单元的信号。可以在外部测试比较器,或者它本身可使用自监视技术。监测到的处理器行为的差异将产生一条故障报警。

(2) 多数表决器。其目的是为了检测和防护三个或三个以上硬件通道之一的失效。表决单元使用少数服从多数的原则监测和防护失效。表决器自身可由外部测试,也可使用自监视技术。

(3) 利用软件进行自测试(漫步位,单通道)。其目的是为了尽早检测出处理单元的物理存储器(例如寄存器)和指令译码器中的失效。利用附加软件功能完全可实现失效检测,该软件功能使用可测试物理存储器(数据和地址寄存器)和指令译码的一个数据模板(例如漫步位模板)执行自测试。但诊断覆盖率只有 90%。

可变存储器主要的故障诊断措施如表 5-3 所示。

表 5-3　可变存储器主要诊断措施

序号	诊断措施	能达到的最大诊断覆盖率
1	检测板(checkboard)或跨步(march)RAM 测试法	低(60%)
2	漫步路径(walk-path)RAM 测试法	中(90%)
3	RAM 奇偶校验	低(60%)
4	带硬件或软件比较和读/写测试的双 RAM	高(99%)

表 5-3 所示措施具体描述如下。

(1) 检测板或跨步 RAM 测试法。其目的是为了检测主要的静态位失效。把含有数个 0 和数个 1 的一个检测板写入面向位的存储器的存储单元中,成对地检查存储单元以保证它们的内容相同和正确无误。这个成对的第 1 单元的地址是可变的,而此对的第 2 单元的地址则由第 1 单元的地址逐位取反形成。第 1 次运行时,存储器地址区从可变地址向高地址方向扩展,而第 2 次运行时则向低地址方向扩展，在预先指定一个反向值的情况下，两次运行应是一样的。若出现差异，则产生一条报警信息。

（2）漫步路径RAM测试法。其目的是为了检测静态和动态位失效，以及存储单元之间的串扰。用一个均匀的位流初始化要测试的存储范围，第1单元被反向并检查其余的存储区以确保后台是正确无误的。此后第1单元再次反向从而使它恢复到初始值，对下一个单元也重复整个操作过程。在反向的后台预赋值情况下执行“漫游位模型”的第2次运行。当出现差异时就会产生一条报警信息。

（3）RAM奇偶校验。其目的是为了在被测试的存储范围内检测所有可能的位失效，其有效性约为50%。描述：把存储器的每个字都扩展1位（奇偶校验位），此位给每个字补齐偶数个或奇数个逻辑1。每次读数据字时将检验它的奇偶性。如果发现逻辑1的个数有错时，就产生一条失效报文。当计算数据字和它的地址连接的奇偶性时，奇偶校验也可用来检测寻址失效。

（4）带硬件或软件比较和读/写测试的双RAM。其目的是为了检测全位失效。描述：在两个存储器中复制地址空间。第1个存储器以常规方式工作，第2个存储器包含同样的信息并且同第1个存储器并行存取。比较两个输出，当检测到差异时就产生一条失效报文。为了检测某些类型的位错误，两个存储器中的一个存储的数据必须反向，当读出时再次反向。

不可变存储器主要的故障诊断措施如表5-4所示。

表5-4 不可变存储器主要诊断措施

序号	诊断措施	能达到的最大诊断覆盖率	备注
1	多位冗余字保护	中(90%)	多位冗余字保护的有效性依赖于字地址纳入到多位冗余，并且依赖于各自的措施以检测多位共因故障，例如多重寻址，电源供应问题（如电荷泵缺陷）
2	修改的校验和	低(60%)	依赖于表决的质量
3	双字(16b)签名	高(99%)	

表5-4所示措施具体描述如下。

（1）多位冗余字保护。其目的是为了检测一个16位字中所有的一位失效，所有的双位失效，某些3位失效和某些全部位的失效。为了产生汉明距离至少为4的一个改进的汉明码，可用几个冗余位来扩充存储器的每一个字。每当读一个字时，检验冗余位就能确定是否发生了错误。当发现有一个差异时，就会产生一条失效信息。此诊断措施也可通过计算数据字及其地址的连接冗余位来检测寻址失效。

（2）修改的校验和。其目的是为了检测所有奇数位失效，即全部可能位的大约50%失效。借助一种合适的算法来创立一个校验和，此算法使用了一个内存块中的全部字。校验和可作为一个附加字存储在ROM中，或者把一个附加字附加给内存块以保证校验和算法产生一个预定的值。在后面的内存测试中，再使用同一算法建立一个校验和，并把结果与存储的或者定义的值进行对比。如果发现有差异，则产生一条报警信息。

(3) 双字(16b)签名。其目的是为了检测一个字的所有一位失效和所有多位失效，可检测所有可能位失效的约99.6%。(既可使用硬件也可使用软件)通过一种循环冗余校验(CRC)算法把一个内存块的内容压缩成一个内存字。一种典型的CRC算法是把块的整个内容当作字节串行或者位串行数据流来处理，根据这种算法，使用一个多项式发生器来执行一个连续的多项式除法。除得的余项就代表压缩的存储内容——即存储器的“签名”，并被存储起来。在后面的测试中又计算一次签名，并把这个签名与早先存储的签名进行比较。当它们有差异时，就产生一条报警信息。

程序顺序(看门狗)主要的故障诊断措施如表5-5所示。

表5-5 程序顺序(看门狗)主要诊断措施

序号	诊断措施	能达到的最大诊断覆盖率	备注
1	具有独立时基但无时间窗的看门狗	低(60%)	
2	具有独立时基带时间窗的看门狗	中(90%)	
3	程序顺序的逻辑监视	中(90%)	依赖于监视质量
4	程序顺序的时序和逻辑监视的组合	高(99%)	

表5-5所示措施具体描述如下。

(1) 具有独立时基但无时间窗的看门狗。其目的是为了监视程序序列的行为及其合理性。描述：为了监视计算机的行为和程序序列的合理性，定期触发具有分离时基的外部定时单元(如看门狗)。在程序中正确地设置触发点是很重要的。不按一个固定的周期触发看门狗，但规定了最大时间间隔。

(2) 具有独立时基带时间窗的看门狗。其目的是为了监视程序序列的行为及其合理性。描述：为了监视计算机的行为和程序序列的合理性，定期触发具有分离时基的外部定时单元(如看门狗)。在程序中正确设置触发点是很重要的。本措施给出了看门狗的一个上、下限。如果程序序列占用的时间比预定的时间长或者短，就会采取应急行动。

(3) 程序顺序的逻辑监视。其目的是为了监视各个程序段的正确顺序。使用软件(计数程序、临界程序)或者使用外部监视设备监视各个程序段的正确顺序。在程序中正确设置校验点是很重要的。

(4) 程序顺序的时序和逻辑监视的组合。其目的是为了监视各个程序段的行为和正确的顺序。在正确执行程序段的顺序时，系统会触发监视程序序列的一台时序设备(如看门狗计时器),来监视程序行为。

时钟主要的故障诊断措施如表 5-6 所示。

表 5-6 时钟主要诊断措施

序号	诊断措施	能达到的最大诊断覆盖率	备注
1	具有独立时基但无时间窗的看门狗	低(60%)	依赖于时间窗的时间限制
2	具有独立时基带时间窗的看门狗	中(90%)	仅当外部瞬时事件影响逻辑程序流时才对时钟失效有效
3	程序顺序的逻辑监视	中(90%)	

表 5-6 所示措施的具体描述与程序顺序(看门狗)一致,在此不再赘述。

在设计核安全级 DCS 的处理单元故障诊断措施时,可结合产品特点和约束条件,选用合适的诊断措施。

5.2.3 通信诊断措施设计

核安全级 DCS 由软硬件、网络、机柜等组成,其中安全级网络通信至关重要。由于硬件元器件偶发故障以及软件自身存在的缺陷(bug)都会导致通信故障出现,因此,如果没有对网络通信故障进行诊断就会导致错误的网络数据被误用的可能,对整个核电站的安全性和稳定性造成危害,严重时可能会导致核电站意外停堆从而造成不可估量的财产损失和人身安全事故。安全级网络通信可以采用下面这些技术(不限于)对各种通信错误进行检测或处理。

(1) 序号。消息中包含一个递增的数字,用来标识消息在一系列消息中的顺序。如果接收方发现相邻消息中包含的序号不是连续递增(数字溢出回零需特殊处理),则可以判定发生了消息重复、错序、丢失或插入错误。

(2) 时间戳。消息中加入一个代表其发送时间的时间戳,接收方将消息的时间戳与本地时间对比,可以检测出消息重复、乱序、不可接收延迟、抖动、信息过早等故障。由于时间戳机制涉及系统各部件间的时间同步,而时间是一个共因故障因素,因此核安全级通信系统中一般不使用时间戳,而是采用消息序号与数据发送周期计数对比的方法来间接地实现时间戳检查。

(3) 消息时限。接收方只接收在约定时间内到达的信息,一般和时间戳机制结合使用。消息接收方对于超过时限的消息弃用或标识为无用。消息时限可以检测出消息发生不可接收延迟和丢失错误。

(4) 源/目标识别。信息中包含有其发送源地址和目标地址的信息。地址信息要求在整个网络范围内是唯一的。源/目标识别码可以检测出消息误插入和寻址错误。如果发现源/目标地址不匹配,除了丢弃消息外,还应该进行错误记录和报警,因为这往往意味着通信系统配置错误甚至被人为入侵。

(5) 应答消息。在接收到消息后,接收方向发送方发送一个接受或拒绝的应答信息,或者将接收到的信息本身或消息的检验码发送回发送方。应答信息机制可以检测消息破损、丢失、插入、伪装、缓冲区溢出、数据超出范围和消息乱序等错误。核安全级通信系统为了实现通信隔离,一般采用异步通信方式,即消息发送方不等待接收方的反馈,以实现接收方故障不蔓延到发送方的目的。所以可以采用变通的应答消息机制,数据发送方发出通信请求后,数据接收方将会向系统以广播的方式发送自身的通信状态信息。数据发送方会根据数据接收方数据的应答时长,采用不同的通信策略,策略的不同会体现在错误记录及通信故障处理上。

(6) 身份认证。通信系统中的成员在发起通信或提供服务之前,先检查其他成员的身份信息,如果其身份不能通过认证,则拒绝与其通信或向其提供网络服务。身份信息可以包含软件和硬件版本号,协议的版本信息,源地址信息等。身份认证可以检测插入和伪装故障,如果成员无法通过身份认证,应该触发报警操作。

(7) 校验码。消息中增加一个校验码,用以表示数据的一致性。最常用的校验码是CRC校验码,一般来讲消息载荷和消息的协议开销应该分别校验。校验码可以检测消息破损、错误插入、数据错序等错误。另外,由于数据发生不一致后进行恢复涉及比较复杂的算法,会增加通信协议的复杂度,并且恢复效果严重依赖于导致数据不一致的原因,所以核安全级通信系统一般将无法通过校验的消息直接丢弃。

(8) 加密技术。在消息中增加加密码以防止恶意攻击。利用加密技术可以检测破损和伪装错误。但使用加密技术会降低通信效率,并增加通信协议的复杂度,因此在核安全级通信网络中使用加密技术,需要经过充分的评估和验证。

(9) 冗余技术。相同的消息发送两次或更多次就构成了数据冗余。冗余可以检测消息破损、丢失、重复、插入和乱序等错误,避免碰撞错误。冗余机制会增加通信负荷,降低通信效率,增加设备实现的复杂度,因此在设计冗余实现机制时应该采用简单、直接的方案,如相同数据连续发送多次,冗余数据“先到优先,后到丢弃”等。另外,核安全级通信系统同时要求通信链路的冗余,把数据冗余与通信链路冗余结合使用,比较容易以简单的技术实现较好的冗余效果。

(10) 流量控制。通信系统成员互相监视对方发出数据的流量,如果某成员超出流量限值,则将其从通信系统中“隔离”出去。流量控制机制可以检测失控发数错误,控制广播风暴的发生。由于广播风暴极易导致整个通信系统的瘫痪,并且,如果在正常通信过程中突发成员流量超限,往往意味着通信设备出现错误,所以对于流量超限的情况要执行报警操作。

(11) 原子广播。原子广播指消息以最小的通信单元(比如帧)为单位进行传输,保证消息以同样的结构发送,所有成员收到的信息是一致的。相反地,如果消息是以多个帧构成数据包(packet)的形式传输,则比较容易产生消息不一致错误,而原子广播可以避免这种错误。

(12) 优先级控制。根据包含的数据特征将消息设定不同的优先级,与安全功能相关的消息具有较高的优先级,以保证此类消息被优先发送而具有小的延迟。优先级用于防止不可接收延迟和抖动错误。

(13) 其他。由于核安全级通信系统无法采用严格的应答消息机制,所以缓冲区溢出和数据超出范围错误不能依靠应答消息检测出来,但是其周期性通信、固定的消息长度和格式、固定的数据集使我们可以建立精确的数学模型,从而计算出通信系统对缓冲区的使用情况,再结合流量控制机制,使得缓冲区溢出错误可以得到有效的控制。对于数据超出范围的错误,可以在应用环节进行检查(表 5-7)。

表 5-7 常见通信故障与相应诊断措施(IEC 61784-3)

故障类型		检测和防御措施											
		序号	时间戳	消息时限	源/目标识别	应答消息	身份认证	校验码	加密技术	冗余技术	流量控制	原子广播	优先级控制
收发器错误	缓冲区溢出					●							
	数据超范围					●							
	数据错序							●					
	消息过早		●										
	编解码错误				●	●	●	●					
	非期望重复	●	●							●			
	乱发无用数据										●		
通信传输错误	消息破损					●		●	●	●			
	消息乱序	●	●							●			
	消息丢失	●		●						●			
	不可接收延迟		●	●		●							●
	插入错误	●			●	●	●	●		●			
	伪装					●	●	●	●				
	错误寻址				●								
	广播风暴										●		
	不一致											●	
	抖动		●										●
	碰撞					●				●			
集成错误	网桥或路由长延时		●	●									
	发起通信超时		●	●									
	阻塞	●	●	●									●

5.3 核安全级 DCS 故障诊断信息存储与传输

5.3.1 故障诊断信息存储

由于核安全级 DCS 设备的内存资源是有限的，为了保证 DCS 故障诊断信息记录较多内容的同时不造成过多的资源浪费，采用计算机中最小的存储单元数据位进行方案的设计，在 DCS 平台的系统状态区数据以位记录状态信息和板卡诊断信息，不同位或多个位的组合可以表示不同的系统或设备状态信息。在 DCS 平台的系统状态区内位为“0”表示状态正常，位为非“0”表示板卡存在异常状态。下面以 MPU 板卡诊断信息为例，简要介绍核安全级 DCS 设备故障诊断信息的位组合规则，以及位组合后的状态所表示的不同故障诊断内容，如表 5-8 所示。从表中可见，通过 1B 的内存空间，可以生成多条故障日志，包括周期运行超时、CPU 状况、看门狗状况、冗余功能状况、RAM 故障、ROM 故障、定时器状况等，通过相应位或位的组合是否为“0”，即可判断相应设备对应状态区是否正常。

表 5-8 诊断信息存储表示意

名称	长度/b	说明
冗余功能状况	2	00——正常 11——冗余功能故障
周期运行超时	1	0——正常 1——周期运行超时
定时器状况	1	0——正常 1——定时器故障
看门狗状况	1	0——正常 1——看门狗故障
ROM 状况	1	0——正常 1——ROM 故障
CPU 状况	1	0——正常 1——CPU 故障
RAM 状况	1	0——正常 1——RAM 故障

5.3.2 故障诊断信息传输

核安全级 DCS 设备所有智能板卡的状态信息都分别汇集到关键处理单元的系统状态区，通过系统状态区数据，结合状态信息定义和工程设备组态即可判断板卡的故障日志信息。这些板卡故障日志信息通过多节点安全级网络、交互网关传递至 NC-DCS，如图 5-7 所示。

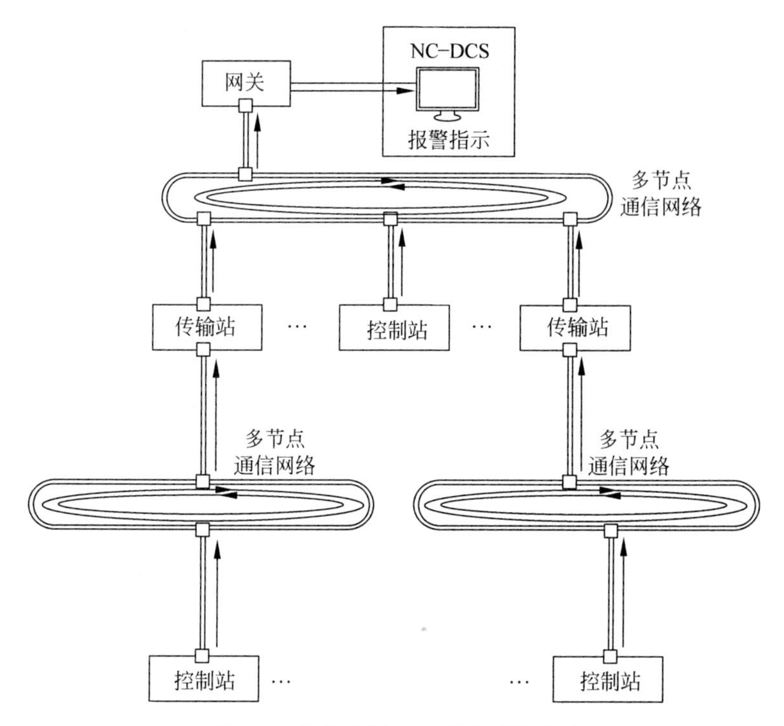

图 5-7　核安全级 DCS 信息传输方案

6 核安全级DCS故障诊断验证

6.1 故障插入测试目的与内容

故障诊断验证的有效手段是故障插入测试。故障插入测试是在正常运行的系统中基于潜在的故障模式插入故障或异常,观察系统在故障和异常情况下的反应,以验证系统的故障诊断及故障处理是否符合预期(满足系统需求和设计)。

故障插入测试的基本原则如下:

(1) 系统级故障插入测试基于单个故障注入原则。

(2) 要求测试人员具有丰富的知识背景,熟悉系统架构和功能,熟悉系统的故障模式和状态。

(3) 故障插入位置的选取,应按照系统级故障类型,优先选择便于执行的故障模式。

(4) 以故障类型为基础进行测试,覆盖所有系统级故障类型,在对某一故障类型进行测试时,要覆盖系统的配置类型及运行模式。

(5) 插入的故障尽量不要损坏受试板卡及相关设备,若破坏性试验不可避免,需优先进行可恢复性试验,破坏性试验用例安排在后期执行。

故障插入测试的颗粒度与验证目标有关,不同层级的颗粒度如图 6-1 所示。

参考 RPS 反应堆停堆保护系统功能 FMEA 分析,以及系统运行异常的经验总结,将故障插入测试注入的故障类型分为三种,分别为:系统总体故障、工程应用设计故障、单产品故障。在执行测试时,根据项目范围及要求选择故障类型。

(1) 系统总体故障是对 DCS 系统的所有子系统(站)产生共性影响的总体性故障。总体故障又可分为三种子类型故障:

① 系统供电(FMEA 分析的故障类型)、接地故障;

② 网络通信故障;

③ 系统运行环境异常。

(2) 工程应用设计故障是指当工程应用设计存在错误或不匹配时,引起的系统故障。工程应用设计故障又可分为两种子类型故障:

① 应用软件配置与系统硬件配置不匹配;

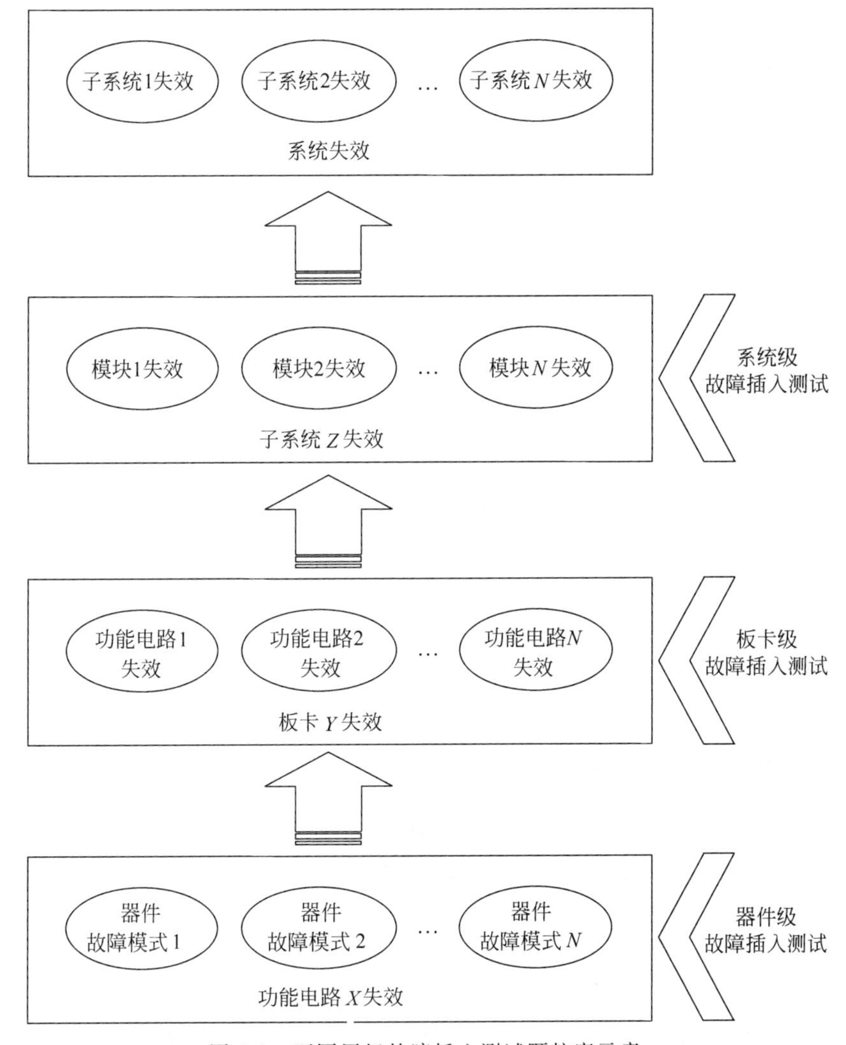

图 6-1 不同层级故障插入测试颗粒度示意

② 应用软件算法错误。

(3) 单产品故障是指组成系统的部件(单产品)发生故障。

单产品故障又可分为三种子类型故障:

① 单产品硬件电路故障(FMEA 分析的故障类型);

② 单产品硬件误操作故障;

③ 单产品基础软件故障(FMEA 分析的故障类型)。

6.2 故障插入测试方法

在正常系统中应用软硬件技术手段,针对核安全级 DCS 故障模式,分别进行模拟和制造故障,主要有系统总体故障、工程应用设计故障和单产品故障。

6.2.1 系统总体故障

(1) 系统供电和接地故障

整个系统的外部交流供电状态属于系统的运行环境,外部交流供电异常属于系统运行环境异常。因此,此处系统供电特指系统内电源模块输出的直流供电。

系统供电故障包括电压过高、电压过低、过流、短路、开路等。分别通过调整电源模块的输出电压、输出正负极短接、输出连接断开等方式,模拟系统供电故障。

接地故障又称为故障接地,指导体与大地的意外连接。分别通过系统内供电电路与机柜(地)短路、系统内信号电路与机柜(地)短路、系统内几种地相互短路的方式,模拟系统接地故障。

(2) 网络通信故障

网络通信故障有两种,分别是网络连接错误以及通信数据错误。对网络连接错误,通过断开网络连接、网络连接端口插错、网络节点顺序错误、不同网络串接在一起的方式进行模拟。对通信数据错误,通过向通信网络中发送不合法(不符合协议规定)数据、不一致的冗余数据的方式进行模拟。

6.2.2 工程应用设计故障

1. 应用软件配置与系统硬件配置不匹配

应用软件配置与系统硬件配置不匹配故障,包括站号不匹配、站类型不匹配、设备类型不匹配、板卡位置不匹配等,通过修改组态软件的配置信息来模拟相应故障。

2. 应用软件算法错误

应用软件的算法错误,包括冗余组态不匹配、冗余的变量值不一致、负数开方错误、除零错误、数据值溢出错误等,通过组态、强制的方式模拟相应故障。

6.2.3 单产品故障

系统级故障插入测试不对单产品的各个功能电路的故障以及代码单元的故障进行测试,而是通过设置本类型的单产品发生故障验证系统的反应。对系统中所有类型的单产品模块都进行故障模拟。

(1) 单产品硬件电路故障

此处的单产品的硬件电路故障,是通过设置一种硬件故障,来验证此类单产品在发生硬件故障时系统的反应。此处设置的硬件故障,通过两种方式来进行选取:

- 易于制造,方便执行测试;
- 有特殊要求的硬件电路,如看门狗电路。

(2) 单产品硬件操作故障

单产品硬件操作故障，是指人为的误操作引起的故障，包括手动复位、板卡不在位(板卡未插到位)、板卡槽位错插、硬件飞线、人工更换板卡上的器件等。

测试人员通过执行这些错误操作来模拟此类故障。

(3) 单产品基础软件故障

与单产品硬件电路故障相同，单产品基础软件故障，是通过制造一种基础软件故障，使单产品软件死机/程序跑飞，来验证此类单产品在发生基础软件故障时系统的反应。

在系统级故障插入测试中，在不同类型的站及运行情况下，系统发生故障后的反应不同，所以系统级故障插入测试需要覆盖所有类型的站及运行情况：

(1) 在所有类型的站(如冗余配置站、非冗余配置站、组合配置站)中，都需进行故障插入测试；

(2) 在执行安全功能的所有运行模式下，都需进行故障插入测试。

6.2.4 故障注入后系统状态确认

故障注入后，需要从以下几个方面判断故障后的系统状态是否正确。

1. 自诊断功能及报警

确认系统的自诊断功能与相应的报警功能是否正确。在系统中注入故障后，确认系统是否正确诊断出了故障信息，并正确地通过板卡/模块上的指示灯、板卡/模块上的故障报警码、机箱后 ERR_OUT 报警信号、工程师站在线监视的系统变量状态、二层设备报警画面等显示出报警信息。

2. 单一故障，不扩散

确认故障发生后，故障是否不扩散，是否影响了系统非故障设备的运行及功能。

3. 变量状态

确认故障发生后，相关的变量状态是否被置为 bad，且这些变量值被置为预先设定的故障安全值。

4. 冗余切换

对主备冗余的站，当系统运行主控类设备时，主备主处理单元(main process unit，MPU)是否按要求正确地进行切换。

5. 冗余算法降级

对于由多个站共同完成的冗余运算功能(4 取 2、3 取 2、2 取 2 等),在某一个站发生故障后,冗余的运算功能是否正确地进行算法降级。

6. 输入/输出

确认故障发生后,系统输入/输出状态是否正确,是否产生异常的跳变或扰动。

7. 网络输出

确认故障发生后,系统的网络输出状态是否正确,是否产生异常的跳变或扰动。

8. 数据运算结果

确认故障发生后,系统数据运算结果是否正确,尤其关注触发器等带保持的算法,故障发生后算法输出是否发生跳变(未保持住故障前的运算结果),对冗余的MPU 是否出现运算结果不一致的情况。

7 典型核安全级DCS故障诊断方案

本书前6章系统介绍了核安全级DCS基于RAMSN理论与安全模型的故障诊断设计方法,包括潜在故障模式识别、故障诊断需求开发、故障诊断方案设计和故障插入验证等。本章将以广利核公司自研核安全级DCS——和睦系统及其应用对象——阳江5号机反应堆保护系统(以下简称RPS)为例,应用前文所述的技术方法,详细描述核安全级DCS故障诊断功能的设计过程。

和睦系统是由北京广利核公司研发的我国首套具有自主知识产权的核安全级DCS,和睦系统的成功研制,使得我国成为继美、日、法后第四个拥有该技术的国家,也标志着我国核电厂自主化建设迈上了一个新台阶。

阳江核电5号机组是国内首个具备“三代”核电主要技术特征、满足最新安全技术标准的自主品牌核电机组,其采用的ACPR1000技术路线,在CPR1000+基础上实施了31项技术改进。5号机组反应堆保护系统采用了和睦系统,于2018年7月正式商运,截至2020年9月已稳定运行两年,其运行可靠性指标良好,达到了国际先进水平。

7.1 阳江5号机RPS平台和系统架构

和睦系统现场控制站示意图见图7-1。

图7-1所示的设备功能如表7-1所示。

表7-1 和睦系统板卡/模块功能示意

板卡名称	功 能	备 注
AI调理板卡	对传感器传输过来的现场AI信号进行调理	
AI转接板卡	将经过调理的AI信号传输至AI板卡	
DI调理板卡	对传感器传输过来的现场DI信号进行调理	
AI切换板卡	实现现场AI信号与定期试验AI信号切换	
DI切换板卡	实现现场DI信号与定期试验DI信号切换	
AI板卡	采集经过调理的现场AI信号	电流型;4～20mA
	基于SN1协议与SCU板卡进行通信	SN1协议从站
DI板卡	采集经过调理的现场DI信号	触点型信号
	基于SN1协议与SCU板卡进行通信	SN1协议从站

续表

板卡名称	功　　能	备　　注
CSS 板卡	为 I/O 板卡与 SCU 板卡点对点通信提供电气通道	
SCU 板卡	基于 SN1 协议与 I/O 板卡进行通信	SN1 协议主站
	基于 SN2 协议与 MPU 板卡进行通信	SN2 协议从站
FCU 板卡	基于 FirmNet 协议与其他 FCU 板卡或 FNU 模块通信	
	基于 SN2 协议与 MPU 板卡通信	SN2 协议从站
MPU 板卡	基于 SN2 协议与 SCU 板卡、HNU 板卡进行通信	SN2 协议主站
	完成阈值比较和逻辑符合功能	逻辑符合：2oo4
SCID	安全控制显示装置，核安全级 DCS 的人机交互单元，用于手动控制现场设备，基于 SN4 协议与 FNU 模块通信	
FNU 模块	基于 FirmNet 协议与其他 FNU 模块或 FCU 板卡通信	
	基于 SN4 协议与 GW/SCID 通信	
HNU 板卡	基于 SN3 协议与其他通道 HNU 板卡进行通信	点对点通信
网络通信切换板卡	实现正常网络通信传输和定期试验信号切换功能	
光电转换板卡	实现光/电信号的转换	
DO 板卡	基于 SN1 协议与 SCU 板卡进行通信	SN1 协议从站
	将 DO 控制信号传输至 DO 转接板卡	数字转触点
DO 信号切换板卡	实现现场 DO 信号和定期试验 DO 信号的切换	
电源板卡	为和睦系统各个板卡提供电源	24V 和 5V

图 7-1 所示现场控制站架构的安全信号数据流如下所示。

(1) AI(DI)调理板卡对传感器传输过来的现场 AI(DI)信号进行调理，并将其传输至 AI(DI)板卡。

(2) AI(DI)板卡采集经过调理的现场 AI(DI)信号，并基于 SN1 协议传输至 CSS 板卡。

(3) CSS 板卡根据 SCU 板卡的控制信号进行通路选择，将相应通路的 AI(DI)数据包传输至 SCU 板卡。

(4) SCU 板卡将接收到的相应通路的 AI(DI)数据包进行解析，并基于 SN2 协议传输至 MPU 板卡。

(5) MPU 板卡将来自 SCU 板卡的 AI(DI)数据包进行解析，并进行阈值比较处理，然后将阈值比较结果基于 SN2 协议传输至 HNU 板卡。

(6) HNU 板卡将来自 MPU 板卡的阈值比较结果数据进行解析，并基于 SN3

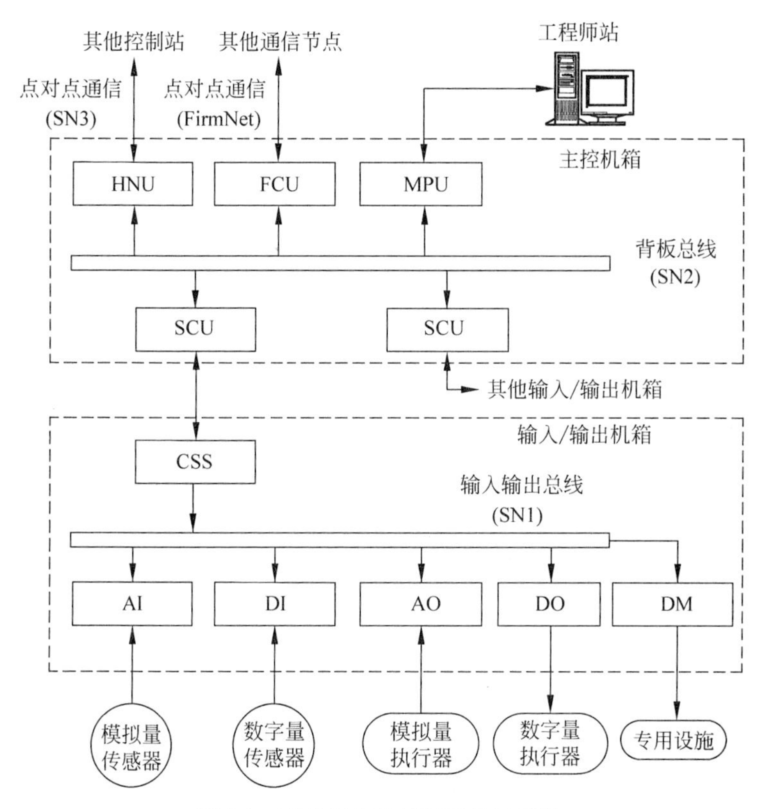

图 7-1 和睦系统现场控制站示意图

协议将本通道阈值比较结果数据传输至其他通道 HNU 板卡；同时，接收其他通道的阈值比较结果数据，对其进行解析，再基于 SN2 协议传输至 MPU 板卡。

(7) MPU 板卡将来自其他通道的阈值比较结果数据进行解析，并进行 2oo4 逻辑符合运算，形成本通道的 DO 控制信号，基于 SN2 信号传输至 SCU 板卡。

(8) SCU 板卡将 DO 控制信号进行解析，并基于 SN1 协议传输至 CSS 板卡。

(9) CSS 板卡根据 SCU 控制信号进行通路选择，将 DO 控制信号发送至相应的 DOS 板卡。

(10) DO 板卡对 DO 控制信号数据进行解析，并传输至 DO 信号切换板卡。

(11) DO 信号切换板卡将信号传输至现场执行器。

在执行上述操作的过程中，和睦系统还可以将处理过程数据传输至其他系统，用于安全显示和数据记录等。

基于和睦系统的阳江 5 号机反应堆保护系统方案，如图 7-2 所示。

图 7-2 中，每一个方框都是和睦系统的控制站，其内部架构与图 7-1 类似。

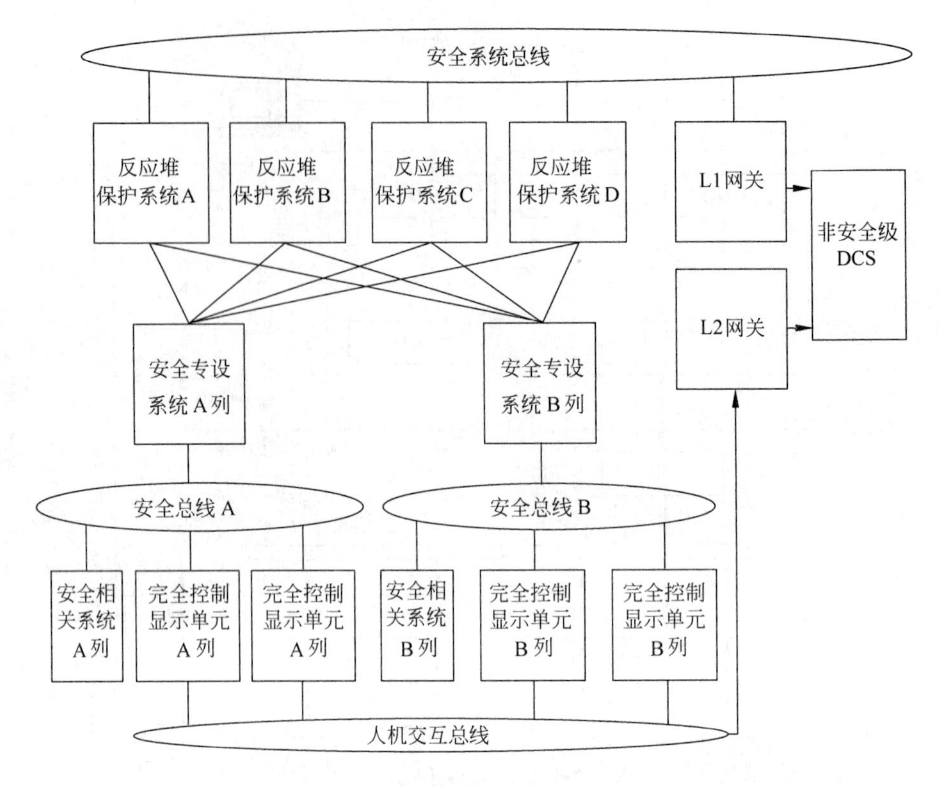

图 7-2 阳江 5 号机反应堆保护系统方案

7.2 阳江 5 号机 RPS 控制站故障分析

在开展故障诊断功能设计前，首先应定义故障诊断设计基准——和睦系统的故障模式。故障分析的重点在于识别出影响安全功能的潜在故障，并根据其影响划分严酷程度，作为后续故障诊断和报警指示的设计依据。

主要通过采用 FMEA 技术来进行故障识别工作，在此基础上进行故障分级。

故障分级，是根据故障影响的严酷度为故障划分等级，故障等级信息将作为故障报警指示的直接依据。在本书中，对于故障严酷度，将针对故障模式对故障设备所在的控制站功能的影响严酷度进行判断，根据此判据，RPS 的故障模式分为以下三个等级。

(1) I/O Warning。此类故障发生后，控制站采集功能或输出功能失效，而数据通信和数据处理功能正常。

(2) Alarm。此类故障发生后，控制站部分数据通信功能失效，而数据处理功能正常。

(3) Failure。此类故障发生后，控制站整体安全功能完全丧失。

经过 FMEA 分析，识别出和睦系统故障模式，主要包括热备冗余控制站故障模式、并行冗余控制站故障模式、设备接口模块故障模式、安全控制显示站故障模式、网关站故障模式和事故后监视站故障模式，如表 7-2 所示。

表 7-2 热备冗余控制站故障模式清单

序号	故障模式	涉及设备	故障分级
1	模拟量采集信号漂移故障	AI-COTS、AI 调理板卡、TC、RTD、AI 转接板卡、AI 板卡	I/O Warning
2	模拟量采集信号固定故障	AI-COTS、AI 调理板卡、TC、RTD、AI 转接板卡、AI 板卡	I/O Warning
3	AI 板卡处理功能故障	AI 板卡	I/O Warning
4	AI 板卡 SN1 通信故障	AI 板卡、I/O 机箱背板	I/O Warning
5	数字量采集信号恒为某固定值	DI-COTS、DI 调理板卡、DI 转接板卡、DI 板卡、CIM 板卡	I/O Warning
6	DI 板卡处理功能故障	DI 板卡	I/O Warning
7	DI 板卡 SN1 通信故障	DI 板卡、I/O 机箱背板	I/O Warning
8	模拟量输出信号漂移	AO 板卡、AO 转接板卡、AO-COTS	I/O Warning
9	模拟量输出信号无输出	AO 板卡、AO 转接板卡、AO-COTS	I/O Warning
10	AO 板卡处理功能故障	AO 板卡	I/O Warning
11	AO 板卡 SN1 通信故障	AO 板卡、I/O 机箱背板	I/O Warning
12	数字量输出信号固定故障	DO 板卡、DO 转接板卡、DO-COTS、CIM 转接板卡	I/O Warning
13	DO 板卡处理功能故障	DO 板卡	I/O Warning
14	DO 板卡 SN1 通信故障	DO 板卡、I/O 机箱背板	I/O Warning
15	机柜温度超上限	机柜	Alarm
16	风扇状态异常	机柜	Alarm
17	主机 CSS 板卡上行通信故障	CSS 板卡、SCU 板卡、CSS 转接板、SCU 转接板	Alarm
18	主机 CSS 板卡处理功能故障	CSS 板卡	Alarm
19	从机 CSS 板卡上行通信故障	CSS 板卡、SCU 板卡、CSS 转接板、SCU 转接板	Alarm
20	从机 CSS 板卡处理功能故障	CSS 板卡	Alarm
21	主机 SCU 板卡/HNU 板卡/FCU 板卡 SN2 通信故障	SCU 板卡/HNU 板卡/FCU 板卡、MPU 板卡、主控机箱背板	Alarm
22	主机 SCU 板卡处理功能故障	SCU 板卡	Alarm
23	从机 SCU 板卡/HNU 板卡/FCU 板卡 SN2 通信故障	SCU 板卡/HNU 板卡/FCU 板卡、MPU 板卡、主控机箱背板	Alarm
24	从机 SCU 板卡处理功能故障	SCU 板卡	Alarm

续表

序号	故障模式	涉及设备	故障分级
25	主机 HNU 板卡 SN3 通信故障	本站与其他站 HNU 板卡、本站与其他站 HNU 转接板卡、本站与其他站网络切换板卡、本站与其他站网络转换板卡	Alarm
26	主机 HNU 板卡处理功能故障	HNU 板卡	Alarm
27	从机 HNU 板卡 SN3 通信故障	本站与其他站 HNU 板卡、本站与其他站 HNU 转接板卡、本站与其他站网络切换板卡、本站与其他站网络转换板卡	Alarm
28	CIM 板卡处理功能故障	CIM 板卡	I/O Warning
29	CIM 板卡 SN1 通信故障	CIM 板卡	I/O Warning
30	CIM 板卡硬接线信号输入通道故障	CIM 板卡	I/O Warning
31	从机 HNU 板卡处理功能故障	HNU 板卡	Alarm
32	主机 FCU 板卡与 FOM 通信故障	FCU 板卡、环网转接板卡、FOM	Alarm
33	主机 FCU 板卡处理功能故障	FCU 板卡	Alarm
34	从机 FCU 板卡与 FOM 通信故障	FCU 板卡、环网转接板卡、FOM	Alarm
35	从机 FCU 板卡处理功能故障	FCU 板卡	Alarm
36	主机 FOM 与其他站 FOM 通信故障	本站 FOM、其他站 FOM	Alarm
37	主机 FOM 处理功能故障	FOM	Alarm
38	主机 FOM 旁通	FOM	Alarm
39	从机 FOM 与其他站 FOM 通信故障	本站 FOM、其他站 FOM	Alarm
40	从机 FOM 处理功能故障	FOM	Alarm
41	从机 FOM 旁通	FOM	Alarm
42	主机 MPU 板卡处理功能故障	MPU 板卡	Failure
43	从机 MPU 板卡处理功能故障	MPU 板卡	Failure
44	5V 电源模块故障	5V 电源模块	Alarm
45	24V 电源模块故障	24V 电源模块、滤波器、空气开关	Alarm

对于表 7-2，补充如下几点说明。

（1）表中出现的 AI-COTS、DI-COTS、AO-COTS 和 DO-COTS 是指除 FirmSys 产品之外用于现场 I/O 信号传输所需的 COTS，包括接线端子、继电器等，具体器件与具体工程应用有关；后续相关内容也将采用此表示方法。

（2）考虑到机柜温度超上限或风扇故障停止运行后，不会直接影响系统正常功能，但高温很可能导致机柜内设备功能故障，综合考虑，将机柜温度超上限和风扇状态异常归为 Alarm 类故障，此归类适用于 RPS 所有机柜。

(3)“24V 电源模块故障”包括 24V 电源模块自身的故障及其配套使用的空气开关，是两者的逻辑或关系。本章所有“24V 电源模块故障”均适用此说明。

并行冗余控制站的故障模式与热备冗余控制站的故障模式类似，此处不再赘述。设备接口模块 CIM、安全控制与显示站（以下简称 SCIS）、网关站故障模式如表 7-3～表 7-5 所示。

表 7-3 设备接口模块故障模式清单

序号	故障模式	涉及设备	故障分级
1	SRC 指令异常	CIM 板卡	I/O Warning
2	CIM 板卡双指令输入双“1”故障	CIM 板卡	I/O Warning
3	CIM 板卡双指令输出双“1”故障	CIM 板卡	I/O Warning
4	ESFAC 输入不一致	ESFAC 控制站	Alarm
5	CIM 优先级逻辑输出不一致	CIM 板卡	I/O Warning
6	外部驱动电源故障	外部驱动电源	N/A
7	CIM 板卡优先级逻辑处理功能故障	CIM 板卡	I/O Warning
8	CIM 板卡驱动输出电路故障	CIM 板卡、CIM 转接板	I/O Warning
9	就地远程切换故障	CIM 板卡	I/O Warning
10	CIM 板卡就地允许状态	CIM 板卡	N/A

表 7-4 SCIS 故障模式清单

序号	故障模式	涉及设备	故障分级
1	SCID 与 FNU 通信故障	SCID、FNU	Alarm
2	FNU 与 FOM 通信故障	FNU、FOM	Alarm
3	FNU 与 FOM 之间 Live 信号异常	FNU、FOM	Alarm
4	FNU 处理功能故障	FNU	Alarm
5	本站 FOM 与其他站 FOM 通信故障	本站 FOM、其他站 FOM	Alarm
6	FOM 处理功能故障	FOM	Alarm
7	FOM 旁通	FOM	Alarm
8	SCID 处理功能故障	SCID	Failure
9	24V 电源模块故障	24V 电源模块、滤波器、空气开关	Alarm

表 7-5 网关站故障模式清单

序号	故障模式	涉及设备	故障分级
1	机柜温度超上限	机柜	Alarm
2	风扇状态异常	机柜	Alarm
3	FNU 处理功能故障	FNU	Alarm

续表

序号	故障模式	涉及设备	故障分级
4	FNU 与 FOM 通信故障	FNU、FOM	Alarm
5	本站 FOM 与其他站 FOM 通信故障	本站 FOM、其他站 FOM	Alarm
6	FOM 处理功能故障	FOM	Alarm
7	FOM 旁通	FOM	Alarm
8	网关板卡与 FNU 通信故障	网关板卡、FNU	Alarm
9	网关板卡与 NC 侧网关通信中断	网关板卡、NC 侧网关	Alarm
10	网关板卡处理功能故障	网关板卡	Failure
11	24V 电源模块故障	24V 电源模块、滤波器、空气开关	Alarm

7.3 阳江 5 号机 RPS 控制站故障诊断需求

应用于阳江 5 号机 RPS 的和睦系统，针对表 7-2～表 7-5 识别到的故障模式清单，制定了相应的故障诊断需求，明确了各模块应采用的故障诊断措施，下文具体描述。

和睦系统控制站各模块故障诊断措施需求如表 7-6 所示。

表 7-6 和睦系统控制站各模块诊断措施需求

设备	故障模式	诊断措施	覆盖范围
MPU	处理功能故障	检测板法(0x55/0xAA 法)	CPU 内部寄存器、CPU 程序指针与堆栈指针
		March C-算法	RAM、CPU 内部 RAM
		指令割集遍历算法	CPU 指令译码与执行功能模块
		独立时基看门狗	CPU 程序顺序执行功能模块、IC 时钟
		CRC 校验	ROM、CPU 内部 ROM
		电压监控	板内二级电源
SCU	处理功能故障	同"MPU 处理功能故障对应诊断措施"	同"MPU 处理功能故障对应覆盖范围"
HNU	处理功能故障	同"MPU 处理功能故障对应诊断措施"	同"MPU 处理功能故障对应覆盖范围"
MCU	处理功能故障	同"MPU 处理功能故障对应诊断措施"	同"MPU 处理功能故障对应覆盖范围"
FCU	处理功能故障	同"MPU 处理功能故障对应诊断措施"	同"MPU 处理功能故障对应覆盖范围"

续表

设备	故障模式	诊断措施	覆盖范围
CIM	CIM 板卡处理功能故障	检测板法(0x55/0xAA 法)	CPU 内部寄存器、CPU 程序指针与堆栈指针
		March C-算法	RAM、CPU 内部 RAM
		指令割集遍历算法	CPU 指令译码与执行功能模块
		独立时基看门狗	CPU 程序顺序执行功能模块、IC 时钟
		CRC 校验	ROM、CPU 内部 ROM
		电压监控	板内二级电源
	CIM 板卡 SN1 通信故障	数据帧序列号检测	涵盖数据通信路径上的所有设备或板卡
		通信周期检测	
		源地址与目的地址检测	
		CRC 校验	
	SRC 指令异常	SRC 数据质量位检测	SRC 控制站
	ESFAC 输入不一致	ESFAC 输入不一致诊断	ESFAC 控制站
	CIM 板卡硬接线信号输入通道故障	冗余硬件采集比较	CIM 板卡硬接线输入通道电路
	CIM 板卡输出驱动电路故障	输出回读	CIM 板卡输出驱动电路
	双指令输入双“1”故障	输入指令判断	CIM 指令逻辑处理单元
	双指令输出双“1”故障	输出指令回读判断	CIM 指令逻辑处理单元
	外部驱动电源故障	外部驱动电源诊断	外部电源
	CIM 板卡优先级逻辑输出不一致	优先级逻辑比较	CIM 板卡优先级逻辑
	CIM 板卡优先级逻辑功能电路故障	优先级逻辑自诊断	CIM 板卡优先级逻辑
	就地远程切换故障	就地远程切换诊断	就地功能单元
	就地允许状态	就地允许状态判断	就地功能单元
AI	处理功能故障	同“MPU 处理功能故障对应诊断措施”	同“MPU 处理功能故障对应覆盖范围”
	模拟量采集信号固定故障	AI 动态自检	AI 板卡
	模拟量采集信号漂移故障		

续表

设备	故障模式	诊断措施	覆盖范围
DI	处理功能故障	同“MPU处理功能故障对应诊断措施”	同“MPU处理功能故障对应覆盖范围”
	数字量采集信号恒为某固定值	DI冗余硬件采集比较	DI通道电路
AO	处理功能故障	同“MPU处理功能故障对应诊断措施”	同“MPU处理功能故障对应覆盖范围”
	模拟量输出信号漂移	AO输出末端采样回读	AO通道电路
	模拟量输出信号无输出		
DO	处理功能故障	同“MPU处理功能故障对应诊断措施”	同“MPU处理功能故障对应覆盖范围”
	数字量输出信号固定故障	DO通道回读	DO通道电路
SN1 SN2 SN3 环网通信	数据通信故障	数据帧序列号检测	涵盖数据通信路径上的所有设备或板卡
		通信周期检测	
		源地址与目的地址检测	
		CRC校验	
5V电源模块	5V电源模块故障	电源电压监控	5V电源模块
24V电源模块	24V电源模块故障	电源电压监控 空开状态监视	24V电源模块 24V电源模块对应空开滤波器

安全控制显示站各模块故障诊断措施需求如表7-7所示。

表7-7 安全控制显示站各模块故障诊断措施需求

设备	故障模式	诊断措施	覆盖范围
SCID	SCID处理功能故障	检测板法(0x55/0xAA法)	CPU内部寄存器、CPU程序指针与堆栈指针
		March C-算法	RAM、CPU内部RAM
		指令割集遍历算法	CPU指令译码与执行功能模块
		独立时基看门狗	CPU程序顺序执行功能模块、IC时钟
		CRC校验	ROM、CPU内部ROM
	SCID与FNU通信故障	数据帧序列号检测	SCID、FNU
		通信周期检测	
		源地址与目的地址检测	
		CRC校验	

续表

设备	故障模式	诊断措施	覆盖范围
FNU	FNU 处理功能故障	FNU 处理功能诊断	FNU
	FNU 与 FOM 之间 Live 信号异常	Live 信号检测	FNU、FOM
	FNU 与 FOM 通信故障	数据帧序列号检测	涵盖数据通信路径上的所有设备或板卡
		通信周期检测	
		源地址与目的地址检测	
		CRC 校验	
FOM	FOM 处理功能故障	FOM 处理功能诊断	FOM
	本站 FOM 与其他站 FOM 通信故障	数据帧序列号检测	涵盖数据通信路径上的所有设备或板卡
		通信周期检测	
		源地址与目的地址检测	
		CRC 校验	
24V 电源模块	24V 电源模块故障	电源电压监控 空开状态监视	24V 电源模块 24V 电源模块对应空开滤波器

网关站各模块故障诊断措施需求如表 7-8 所示。

表 7-8　网关站各模块故障诊断措施需求

设备	故障模式	诊断措施	覆盖范围
网关	处理功能故障	网关处理功能诊断措施	网关
	网关与 FNU 通信故障	SN4+通信诊断	网关、FNU
	网关板卡与 NC 侧网关通信中断	通信诊断	网关
FNU	FNU 处理功能故障	网关通信诊断	FNU
	FNU 与 FOM 通信故障	网关通信诊断	FNU
FOM	FOM 处理功能故障	网关通信诊断	FOM
	本站 FOM 与其他站 FOM 通信故障	网关通信诊断	FOM
24V 电源模块	24V 电源模块故障	电源电压监控 空开状态监视	24V 电源模块 24V 电源模块对应空开滤波器

7.4 阳江5号机RPS控制站故障诊断功能设计

针对上述故障模式的故障诊断方式包括两类：平台自诊断和工程应用自诊断。

(1) 平台自诊断是指和睦系统平台固有的故障诊断措施，它不随着工程应用的改变而改变，属于平台固有属性。

(2) 工程应用自诊断是根据阳江5号机工程应用针对性设计的诊断措施，实施方案通常随应用场合的不同而不同。

7.5 平台故障诊断方案设计

平台故障诊断方案的设计，包括故障诊断措施设计、自诊断信息存储与传输。下文将详细介绍此部分内容。

7.5.1 和睦系统I/O单元诊断措施方案设计

I/O板卡的诊断主要包括通道的诊断、通信的诊断、主控制器的诊断、外部看门狗诊断、信息存储诊断等，以及诊断后的故障处理。其中CIM板卡的诊断还包括优选逻辑有效性诊断、定期试验状态诊断、设置功能诊断。

除了通道诊断是根据各类型板卡自身功能特性单独设计外，其他诊断全部设计为通用诊断。I/O板卡诊断措施如图7-3所示。

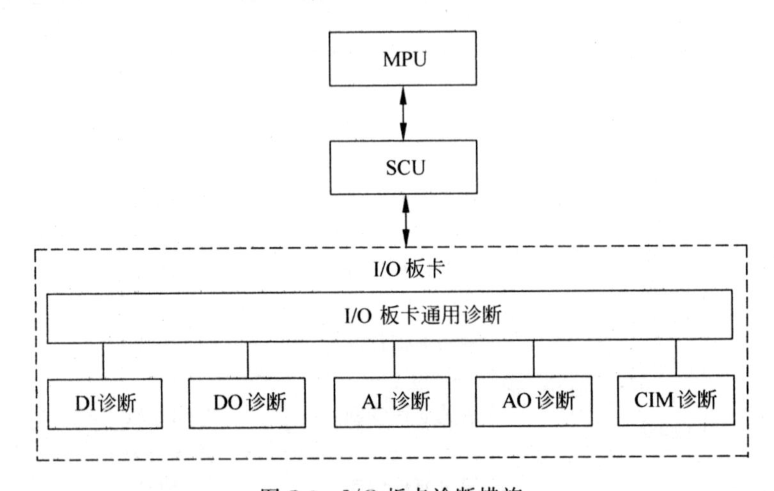

图7-3　I/O板卡诊断措施

7.5.1.1 I/O板卡通用诊断措施设计

I/O板卡通用诊断措施主要采用软件实现，如图7-4所示。

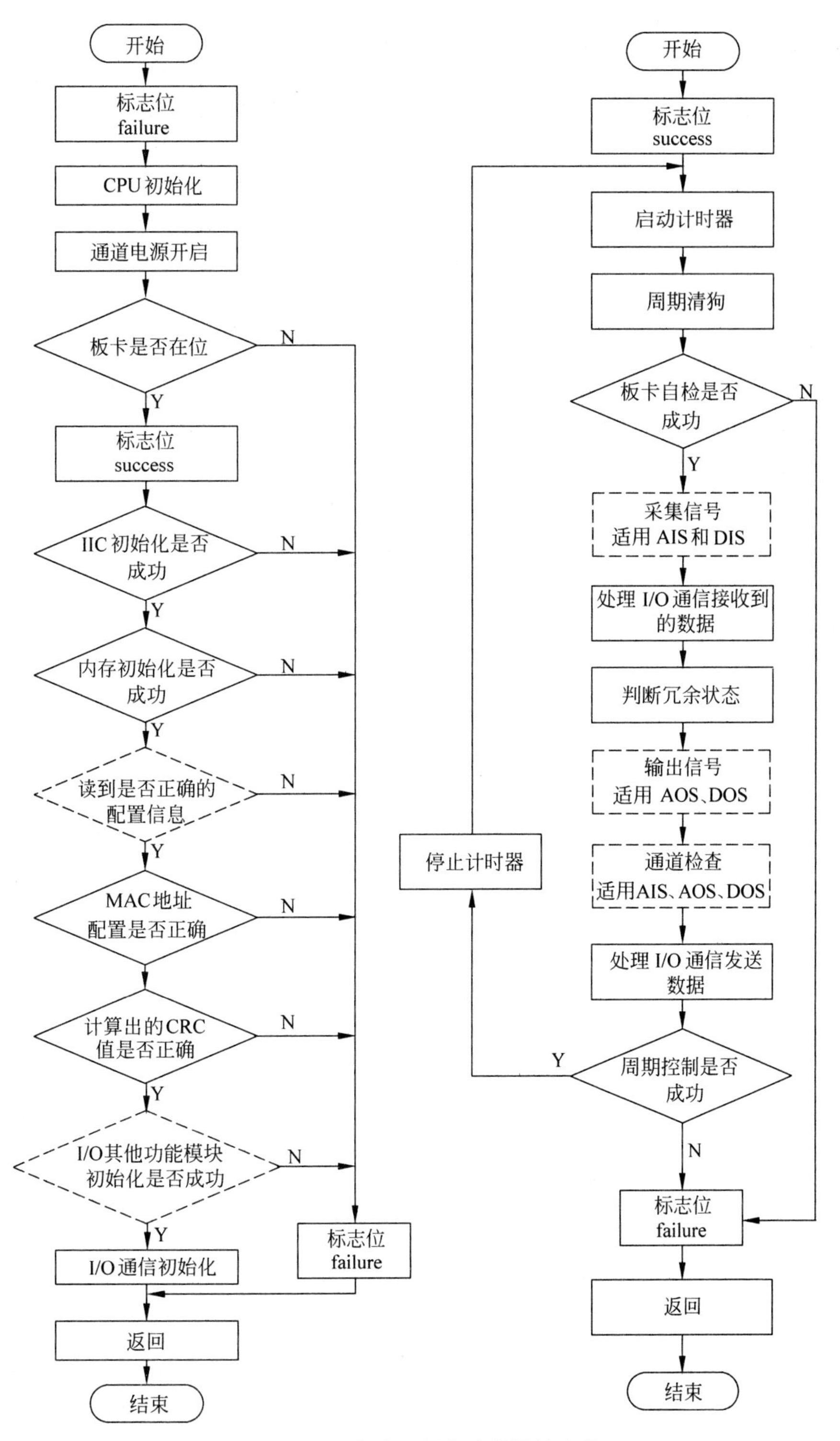

图 7-4 I/O 板卡通用自诊断设计流程

I/O 板卡在不同运行阶段的诊断措施如表 7-9 所示。

表 7-9 I/O 板卡不同运行阶段的诊断措施

序号	阶段	自诊断项目	自诊断设计
1	初始化阶段	板卡在位	MCU 读取板卡在位引脚电平，如连续 50 次都读取到高电平，则认定板卡插入异常
2		IIC 模块	MCU 对片内的 IIC 模块寄存器进行配置，配置后回读，根据回读值判断 IIC 模块是否正常
3		初始化时测试 MCU 片内的 RAM 区	采用 MARCH-C 方法测试 RAM 区
4		读取槽站号	连续 10 次读取到槽站号数据相同则认为槽站号读取操作成功。最多连续读取 65535 次，若相连两次读取都不同则认定读取操作失败。 读取操作成功后，比较读取的奇偶校验位与计算出的奇偶校验位是否相同，若不同认定读取失败。 校验位读取判定成功后，读取的站号不在 0～7 范围内认定站号读取异常。 读取的槽号不在 2～14 范围内认定槽号读取异常
5	周期运行阶段	看门狗测试	每小时进行一次看门狗测试，测试时不喂狗，读取看门狗输出信号，每周期读取一次。若连续 8 个周期都读取不到看门狗输出低电平，则认定看门狗故障
6		CPU 测试	周期运行中，每周期测试 CPU，测试 CPU 的寄存器
7		周期测试 MCU 片内的 RAM 区	周期运行中，每周期测 RAM 区，采用 MARCH-C 方法测试
8		周期测试 MCU 片内的 ROM 区	周期运行中，每周期测 ROM 区，按照地址顺序每周期计算 ROM 区 32bit 数据的 CRC 16 值，将该值与 ROM 区初始化时计算的 CRC 值比较，若不同则认定 ROM 区故障
9		定时器测试	周期运行中，每周期测定时器；首先读取定时器当前的计数值，通过 for 循环延时约 15μs，然后再次读取计数值，计算两次读取计数值的差，差值小于 2 或大于 10 时认定计时器故障
10		通道电源测试	周期运行中，每周期测通道电源；读取通道电源采集的引脚状态，读取到低电平表示正常；若连续 2 个周期读取到的电平都是高电平，则认定通道电源故障
11		运行周期时间检测	程序运行完一个周期后，读取定时器的计数值，若计数值对应时间不在 5.95～6.05ms 范围，则认定运行周期超时

I/O 板卡通信诊断措施、故障报警和故障处理措施如表 7-10 所示。

表 7-10 I/O 板卡通信诊断措施、故障报警和处理措施

序号	通信故障模式	I/O 板卡通信诊断措施、故障报警和处理措施
1	数据包丢包	比较本次收到的数据包的 tick 值与上次数据包的 tick 值，若出现如下两种情况需要上报故障： (1) tick 差值≥3。 (2) tick 差值不等于 1 且小于 3，但连续 3 个 SCU 周期都如此。SCU 周期可设，在 8～16ms 之间
2	数据包 CRC 校验错误	比较收到的数据包的 CRC 值与本板卡根据数据包计算的 CRC 值，若不一致则为 CRC 校验错误。发现 1 次即认定 CRC 校验错误
3	板卡 MAC 地址错误	比较数据包下发板卡 MAC 地址和初始化配置 MAC 地址，若不一致则为板卡 MAC 地址错误。发现 1 次即认定板卡 MAC 地址错误
4	SCU 板卡 MAC 地址错误	比较数据包下发 SCU MAC 地址和初始化配置 SCU MAC 地址，若不一致则为 SCU 板卡 MAC 地址错误。发现 1 次即认定 SCU 板卡 MAC 地址错误
5	数据包长度错误	判断数据包长度是否正确，将接收到的数据包长度与 132 比较，两者有 1 次不同即认定数据包长度错误
6	板卡 ID 错误	判断下发数据板卡的 ID 是否为零，为零 1 次即认定板卡 ID 错误
7	主节点状态错误	判断数据包主节点状态位是否为 1，1 次即认定主节点状态错误
8	冗余配置错误	判断冗余配置内容是否为冗余主、冗余从和非冗余配置三种状态，若不是如上三种状态，则发现 1 次即认为冗余配置错误
9	冗余切换时间错误	判断数据包冗余切换时间是否在设定值范围内，即 120～1400ms 之间，若不是，发现 1 次即认定冗余切换时间错误
10	SCU 周期错误	判断数据包 SCU 周期是否在设定值范围内，即 8～16ms 之间，若不是，发现 1 次即认定 SCU 周期错误
11	板卡类型错误	判断数据包板卡类型和初始化板卡类型是否一致，若不一致，发现 1 次即认定板卡类型错误
12	软件版本错误	判断数据包软件版本和初始化软件版本是否一致，若不一致，发现 1 次即认定板卡类型错误

7.5.1.2 DI 板卡诊断措施设计

DI 板卡为 32 路触点型采集板卡，板卡提供 24V 通道电源。

除了上述 I/O 板卡通用诊断设计外，还进行了通道诊断设计。诊断电路原理示意图如图 7-5 所示。DI 通道采用双路光耦采集同一触点信号，双路光耦采集电路采用互斥设计，即当外部触点动作时，双路光耦副边采集到的信号电平刚好相反，由此判断为该通道正常；否则，如果双路光耦副边采集到的信号电平相同，则判断为该通道异常。

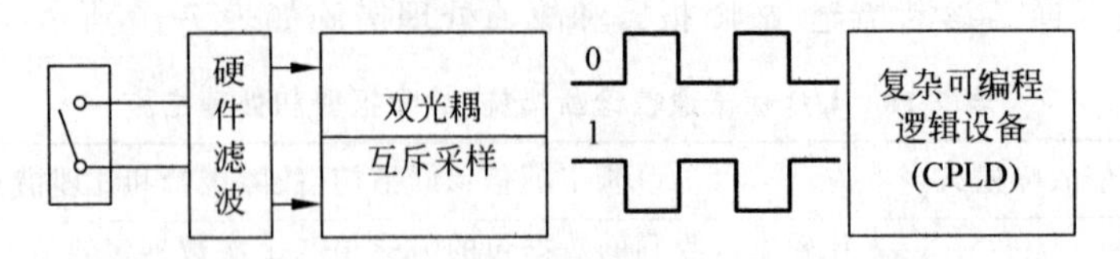

图 7-5 通道诊断原理

DI 板卡通道诊断措施、故障报警和故障处理总结如表 7-11 所示。

表 7-11 DI 板卡通道诊断措施、故障报警和故障处理

阶段	通道诊断措施	故障报警和故障处理措施
周期运行	采集通道自检	双路光耦输出判断，2 路输出连续 3 次相等则自检失败

7.5.1.3 DO 板卡诊断措施设计

DO 板卡为 16 路 24V 电压型数字量输出板卡，逻辑高时板卡通道输出电压为 22～24V，逻辑低时板卡通道输出电压为 0～3V。

除了上述 I/O 板卡通用诊断设计外，还进行了通道诊断设计。诊断原理示意图如图 7-6 所示。DO 板卡通道回采输出信号，通道静态诊断时，当 DO 板卡通道输出逻辑高时，回采信号 DO 回读信号 2 为低电平；当 DO 板卡通道输出逻辑低时，回采信号 DO 回读信号 2 为高电平，由此判断该通道正常。否则判断为该通道异常。

当 DO 板卡外部配合继电器板卡时，DO 板卡通道还可以根据需求使能动态诊断功能，即控制器使 DO_OUT 输出一个短脉冲，通过 DO 回读信号 1 信号回读脉冲信号，如果回读预期正确，则判断通道正常；否则判断为该通道异常。

当 DO 板卡使能通道动态诊断功能时，只有静态诊断和动态诊断均为正常时才判断为通道正常，否则判断为通道异常。

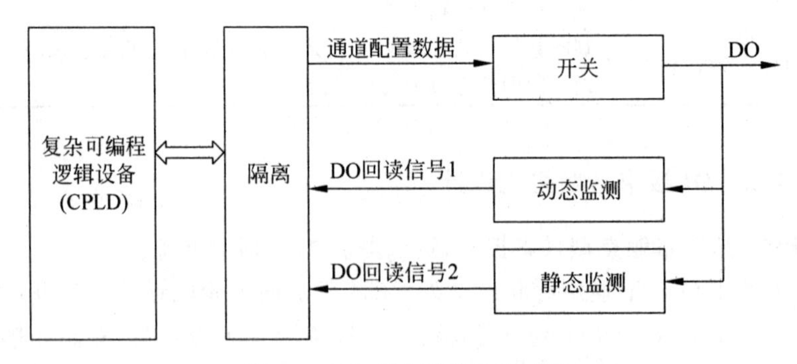

图 7-6 DO 板卡通道诊断原理

DO 板卡通道诊断措施、故障报警和故障处理总结如表 7-12 所示。

表 7-12 DO 板卡通道诊断措施、故障报警和故障处理机制

阶段	通道诊断措施	故障报警和故障处理机制
周期运行	通道自检	通道回读,1 次判断; 动态监测输出值和回读值,1 次不相等,自检故障

7.5.1.4 AI 诊断措施设计

在自检时,DAC 的输出电压分别输出到 16 片多路复用器的常开端,当板卡进行 AD 通道自检时,MCU 发送命令使模拟开关输入切换到自检电压端,此时后端 ADC 的采集值为自检信号,MCU 可以通过 ADC 读取的自检电压与写入 DAC 的码值相比较来判断 ADC 工作是否正常,从而完成 AD 通道自检。16 片模拟开关均可单独控制切换,因此在某一时刻可以对任意一路 AD 通道进行自检,如图 7-7 所示。

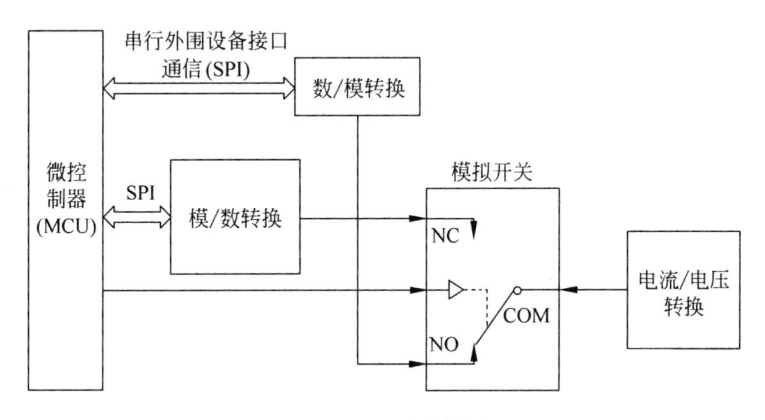

图 7-7 AI 通道诊断原理

7.5.1.5 AO 诊断措施设计

AO 通道故障诊断设计。在硬件方面,板卡使用一片 AD 采集通道输出的回读值,与 DAC、基准源以及 4 个电压/电流转换组成一组输出。为了能够直接监控 AO 输出通道上的电流输出情况,AD 回读电路的输入电压为通道电流输出电压,这使 AD 回读的数据直接可以监控到整个 AO 输出通道的最末端,提高了全通道诊断覆盖率。AO 诊断措施硬件原理如图 7-8 所示。

MCU 可以通过回读数据与写入 D/A 的码值相比较,判断 D/A 及整个输出通道工作是否正常,并通过读取压流转换单元判断板卡输出信号是否正常。

AO 板卡通过在输出通道最末端串接一个小阻值的检测电阻,采样这个小电阻上的压降,经 A/D 回读通过 SPI 口送回板卡 MCU,与对应通道设定值进行比对,来作为通道输出正常的判据。

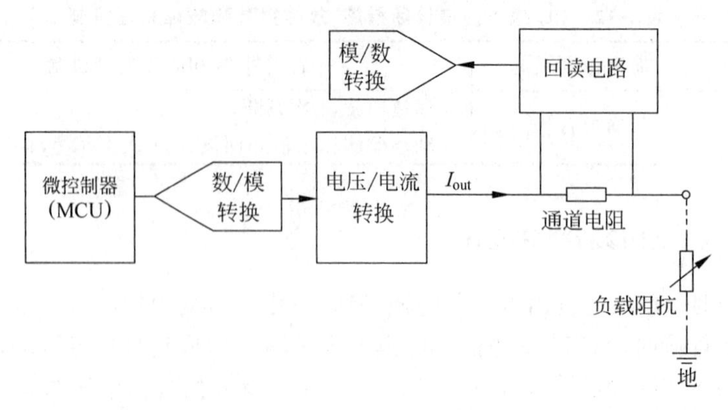

图 7-8 AO 通道故障诊断原理

7.5.1.6 CIM 诊断措施设计

1）通道故障诊断设计（硬件实现）如图 7-9 所示。

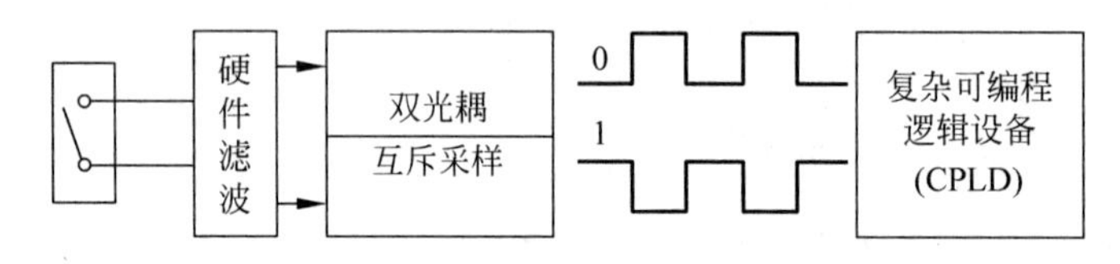

图 7-9 CIM 通道故障诊断原理

硬件设计采用双光耦冗余采集，当通道正常时，双光耦输出 01 或 10，故障时输出 11 或 00，CPLD 判断输出状态，并反馈诊断结果。

2）定期试验状态诊断设计

定期试验整体设计原理如图 7-10 所示，通过软硬件相结合的方式实现输入接口及输出接口试验，同时将试验状态结果通过通信上报。

3）输入/输出有效性诊断

CIM 根据应用需求，输入需设置为成对指令（开关为一对指令），故根据下游设备控制功能要求，输出同样成对出现（即控制现场阀门的开关），如图 7-11 所示。

输入指令同时接收到开和关信号时，认为输入无效，并上报诊断结果。

同理，CIM 同时输出开和关信号，认为输出无效，并上报诊断结果。

此诊断通过 CPLD 逻辑实现。

4）设置类诊断

设置类诊断主要包含指令模式设置、就地功能设置及钥匙开关诊断，其中指令模式设置、就地功能设置通过拨码开关诊断实现，采用硬件实现偶校验，CPLD 读取拨码值，并根据偶校验值进行诊断，如图 7-12 所示。

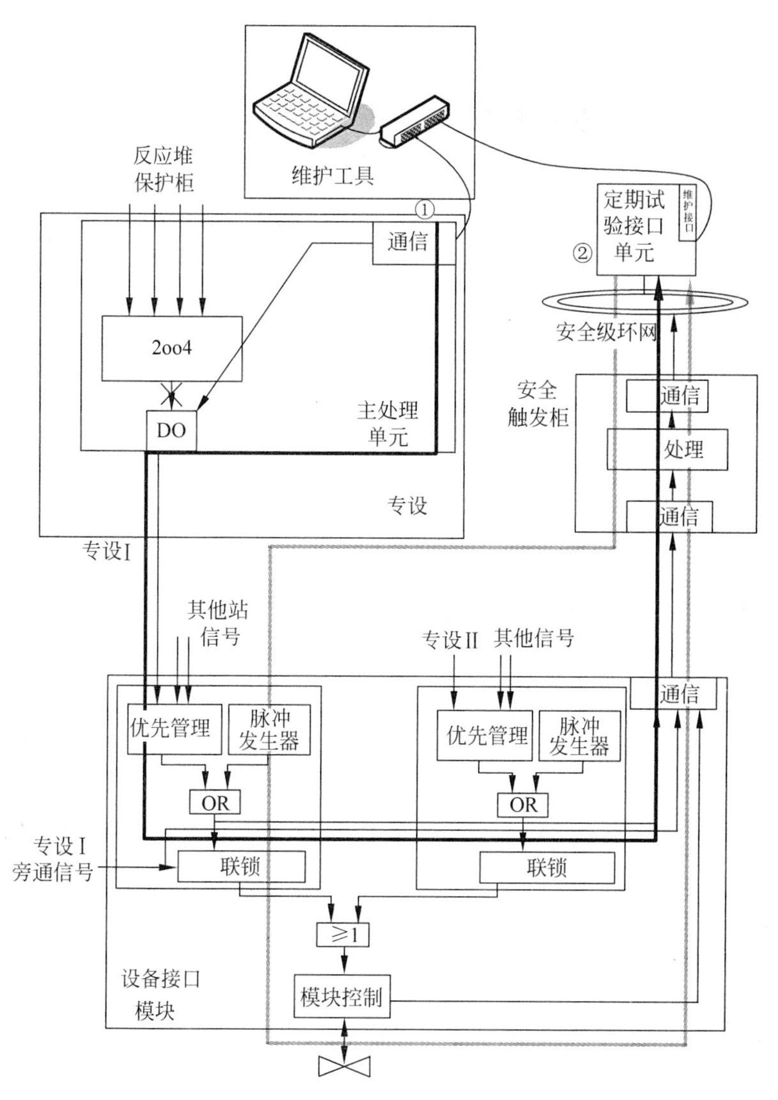

图 7-10 CIM 定期试验状态诊断设计

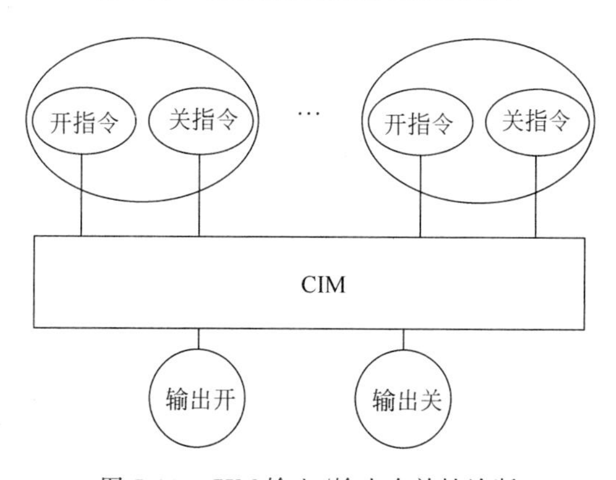

图 7-11 CIM 输入/输出有效性诊断

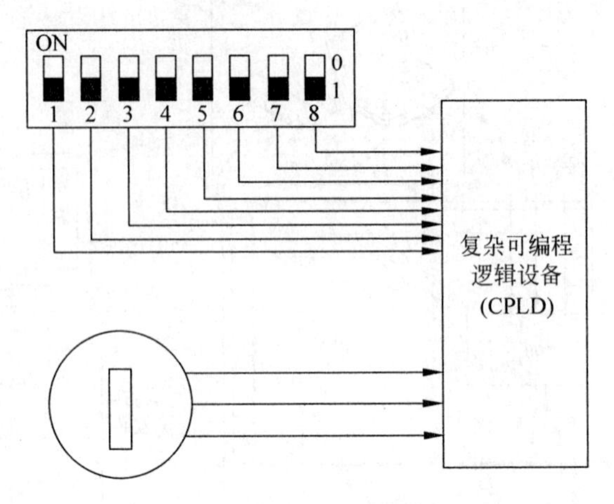

图 7-12 CIM 设置类诊断措施

7.5.2 和睦系统处理单元诊断措施方案设计

7.5.2.1 CPU 自诊断设计

中央处理单元(central processing unit,CPU)是软件运行的基础器件,也是DCS中最重要的器件,CPU器件发生故障往往意味着软件功能的完全丧失。所以,实时检测CPU的工作状态,及时发现CPU的异常并采取恰当的处理措施对于提高核安全级DCS的可靠性和安全性至关重要。

CPU的根本任务就是执行由“0”和“1”组成的指令序列。CPU从逻辑上可以分为三个模块,分别是控制单元、运算单元和存储单元,这三部分由CPU内部总线连接起来。一般CPU都需要连接内存器件才能正常运行,有些片上系统(SOC)在一个芯片内集成了CPU和内存,所以不用外接内存器件。CPU的运行原理如图7-13所示。

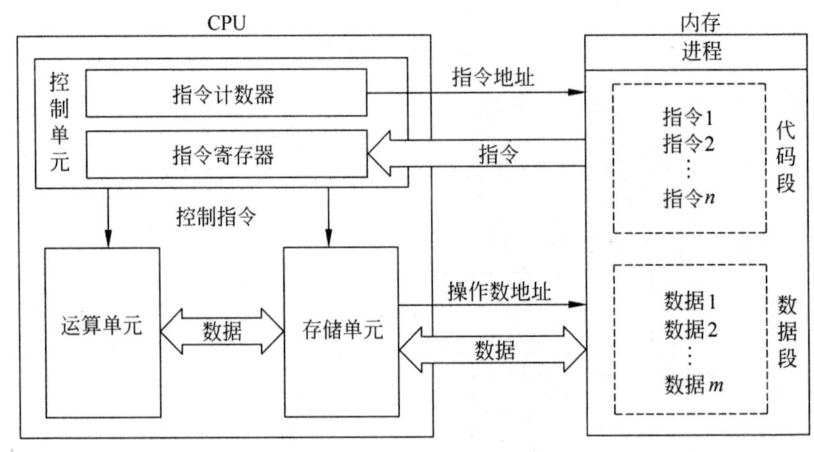

图 7-13 CPU 运行原理示意图

控制单元根据预先编写的程序依次从存储器中取出指令,放入指令寄存器中,通过对指令译码确定应该进行什么操作和需要什么数据,控制单元通过存储单元向内存数据段读取数据并缓存在存储单元中。

运算单元在控制单元的指示下根据存储单元中的数据执行算术运算操作,并把运算结果通过存储单元写回到内存数据段。

存储单元包括 CPU 片内缓存和寄存器组,用于临时保存等待处理的数据或已经处理过的数据。

根据 CPU 的运行原理可以得出其故障树模型,如图 7-14 所示。

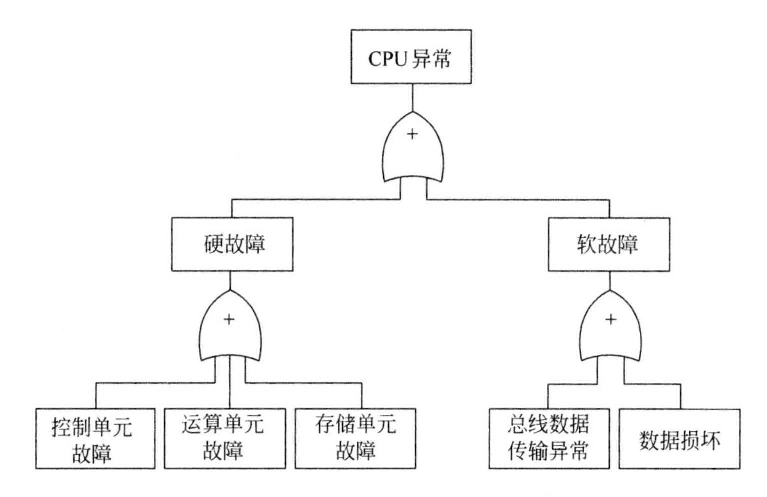

图 7-14　CPU 故障树模型

硬故障指器件永久性损坏,如芯片由于电源异常、温度过高/低导致损毁等;软故障指短时间存在,能够自动消除的故障,如总线传输偶发异常,存储单元的数据由于 SEU 发生位翻转等。

控制单元故障会使 CPU 丧失取指、译码、执行等基本功能;运算单元故障可能导致 CPU 失去运算功能或运算结果不正确;存储单元故障可能产生非法指令、非法地址或错误的运算结果。

总线数据传输异常和数据损坏可能导致非法的指令、地址和参数。

针对 CPU 的诊断措施包括以下几种。

1. 电源和时钟监测

处理单元要实时监测 CPU 供电电源的电压/电流峰值。在异常情况下,及时平抑或切断供电能够保护 CPU 器件免于损坏。时钟频率变化往往意味着 CPU 数据损坏、时钟/定时器工作异常,在监测到时钟频率异常时应该及时进入故障安全模式。

电源和时钟检测一般需要借助专用的功能电路来实现,有些处理器本身包含了电源和时钟监测功能,CPU 软件可以直接使用这些诊断措施的监视结果。

2. 温度监测

运行温度过高是导致 CPU 损坏的一个重要因素，同时高温还有可能导致总线通信异常，因此需要对 CPU 的运行温度进行持续监测。大部分现代处理器内置了温度监测功能电路，CPU 软件可以直接使用这些诊断措施的监测结果。

对于核安全级 DCS 来讲，当 CPU 运行温度超出阈值时，不建议采取 CPU 进入低功耗模式、降低运行频率、适时关闭外设等降低功耗的措施，因为这些措施会给系统带来额外的复杂度。一般直接使控制站进入故障安全模式，通过系统层面的冗余来保证系统安全性。

3. 运算功能监测

这种诊断措施是使软件执行一系列常用的算术运算，通过实际运算结果和预期结果的对比来判断运算单元是否正常。

对于多核心的 CPU，也可以利用对比多个核心的运算结果来诊断算术运算单元。

运算单元故障可能使处理单元输出无法预测的结果，可能对受控系统造成严重的危害，所以一旦检测到运算功能故障，应立即使控制站进入故障安全模式。

4. 片内存储功能监测

由于软件的运行太依赖于片内存储单元，所以软件本身无法监测片内存储单元。但是可以通过 Cache 命中标志、缺页异常等信息通过统计的方法来从趋势上对控制站软硬件的性能进行预判。这种判断一般仅作为板卡替换、故障定位等活动的参考。

5. 软件执行顺序监测

核安全级 DCS 软件对确定性的要求很高，主要体现在软件对资源使用的确定性、软件执行时间的确定性和软件行为的确定性。

软件行为确定性的一个重要方面是软件执行顺序要与预期完全一致，否则可能导致系统产生严重的后果，所以需要对软件执行顺序进行监测。

将软件按功能分为多个任务，软件任务执行时设置全局标记，在主控单元执行完一个周期后根据标记判断软件任务的执行顺序是否符合预期。这种方法的优点是实现简单，最大的缺点是只有在一个周期执行完成后才能发现软件执行顺序的异常，这时异常可能已经造成不良后果。

另一种更值得推荐的做法是借助可编程器件实时监测软件的执行顺序，这样能够及时发现异常并采取缓解措施，从而减小异常对系统的影响。

7.5.2.2 ROM 自诊断设计

初始化阶段对 ROM 区进行分片 CRC 值计算，将结果进行预存，在周期阶段分周期分别进行相同算法的计算，将结果与预存值进行比对，一致则检测通过，不一致则检测失败。检测流程如图 7-15 所示。

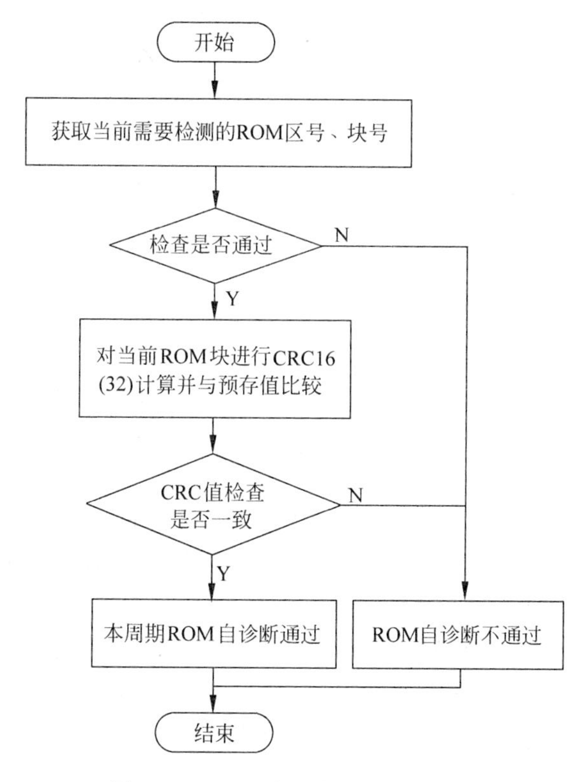

图 7-15 ROM 自诊断设计检测流程

7.5.2.3 RAM 自诊断设计

1. 存储器常见的故障

存储器在工作过程中可能发生如下故障。

（1）固定故障

固定故障指故障内存单元的值无法改变，无论写入“0”还是写入“1”，其值均不发生变化。

（2）耦合故障

耦合故障分为以下五种情况：翻转耦合故障、定值耦合故障、动态耦合故障、状态耦合故障及桥联故障。

翻转耦合故障：当某个存储单元中的值发生跳变时（“0”到“1”或者“1”到“0”），另外一个与之耦合的存储单元中的内容发生翻转。

定值耦合故障：当某个存储单元中的值发生跳变时（“0”到“1”或者“1”到“0”），另外一个与之耦合的存储单元的内容被置为“0”或“1”。

动态耦合故障：当读或者写某个存储单元时，另外一个与之耦合的存储单元中的内容被置“0”或“1”或者内容发生翻转。

状态耦合故障：当某个存储单元的值为“0”或“1”时，另外一个与之耦合的存储单元中的内容被置“0”或“1”。

桥联故障：由两个或多个单元之间短路所引起，其属于逻辑上的耦合故障。

（3）转换故障

转换故障分为两种情况：一种情况是当进行写数据时故障内存单元无法进行由“1”到“0”的转换；另外一种情况是当进行写数据时故障内存单元无法进行“0”到“1”的转换。

（4）寻址故障

寻址故障分三种情况：访问了非指定的内存单元；多个地址对应同一个内存单元；一个地址对应多个内存单元。这些故障都是地址线故障造成的。

（5）数据保留故障

内存单元中的相应逻辑值经过一段时间会由于漏电而发生改变，当内存单元无法保存正确的逻辑值达到相应的规定时间时则称为数据保留故障。

（6）图形敏感故障

它是状态耦合故障的一种，该故障是由于某些存储单元中特殊数据导致另外一部分存储单元中的数据受到影响。

2. 常用内存诊断算法

（1）扫描算法

扫描算法是一种最简单的内存故障诊断算法。扫描算法的测试过程为：首先，向所有存储单元中写入“0”；然后，将存储单元中的值读出验证；接着，向所有的存储单元中写入“1”；最后，将存储单元中的值读出再次验证。

该算法检测一个内存单元只需要进行4步操作，优点是诊断速度快，缺点是故障覆盖率低，只可以检测出固定故障、“0”到“1”的翻转故障，无法有效地检测出各种耦合故障。

（2）March C内存诊断算法

March C算法是一种平衡了内存诊断速度和故障覆盖率的常用内存诊断算法。该算法检测一个内存单元共需要进行7步操作，首先按照地址递增的顺序进行一系列的读写操作，然后按照地址递减的顺序进行一系列的读写操作。该算法的操作序列详细解释如下。

第一步：初始化操作，按照地址递增的顺序向所有内存单元写入“0”。

第二步：按照地址递增的顺序对每个内存单元进行读“0”和写“1”操作。

第三步：按照地址递增的顺序对每个内存单元进行读“1”和写“0”操作。

第四步：按照地址递增的顺序对每个内存单元进行读“0”操作。

第五步：按照地址递减的顺序对每个内存单元进行读“0”和写“1”操作。

第六步：按照地址递减的顺序对每个内存单元进行读“1”和写“0”操作。

第七步：按照地址递减的顺序对每个内存单元进行读“0”操作。

算法分析及优缺点介绍：该算法可以诊断出存储器的固定故障、转换故障以及绝大部分的耦合故障，无法检出数据保留故障和另外一部分耦合故障，另外，对于每一个存储单元的检测都需要 7 个步骤，时间复杂度高于扫描算法。

- March C 算法对固定故障的诊断过程

该算法可以检测故障单元的值保持为“0”不变的情况。例如第二步的写“1”操作失败，故障单元中某位无法写入“1”，其值保持为“0”不变，当第三步读“1”操作时发现该故障。

该算法可以检测故障单元的值保持为“1”不变的情况。例如第三步的写“0”操作失败，故障单元中某位无法写入“0”，其值保持为“1”不变，当第四步读“0”操作时发现该故障。

- March C 算法对转换故障的诊断过程

该算法可以检测故障单元无法由“0”变“1”，但可以由“1”变“0”的情况。例如，第二步的写“1”操作失败，故障单元无法由“0”变“1”，第三步读“1”操作时发现该故障。

该算法可以检测故障单元无法由“1”变“0”，但可以由“0”变“1”的情况。例如，第三步的写“0”操作失败，故障单元无法由“1”变“0”，第四步读“0”操作时发现该故障。

- March C 算法对耦合故障的诊断过程

当某个存储单元中的值发生跳变时(“0”到“1”或者“1”到“0”)，另外一个与之耦合的存储单元中的内容发生翻转。第二步的写“1”操作导致其他内存单元中的值发生翻转，也就是故障单元的数值由“0”变为“1”。

当某个存储单元中的值发生跳变时(“0”到“1”或者“1”到“0”)，另外一个与之耦合的存储单元中的内容被置“1”或置“0”。例如第一步的写“1”操作导致其他内存单元的值被置“1”，当第一步进行读“0”操作时发现该故障；第三步的写“0”操作导致其他单元中的值被置“0”，当第三步进行读“1”操作时发现该故障。

当读某个存储单元时，另外一个与之耦合的存储单元中的内容被置“1”。例如第四步的读“0”操作导致耦合内存单元(耦合单元的地址小于被测单元的地址)中的值被置“1”，当第五步进行读“0”操作时最终发现该故障；第四步的读“0”操作导致耦合内存单元(耦合单元的地址大于被测单元的地址)中的值被置“1”，当第四步进行读“0”操作时发现该故障。

3. RAM 诊断算法的选择

综合比较扫描算法过于简单，无法有效监测各种耦合故障，而 March C 算法是一种平衡了内存诊断速度和故障覆盖率的常用内存诊断算法，因此本章的 RAM 诊断采用 March C 算法。

RAM 自诊断流程如图 7-16 所示。

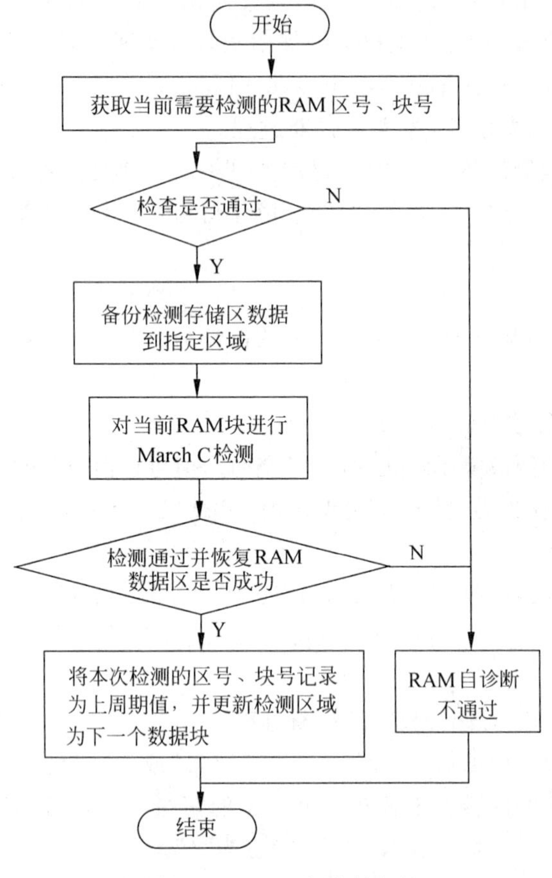

图 7-16 RAM 自诊断流程

7.5.2.4 看门狗自诊断设计

看门狗定时器(watch dog timer，WDT)是嵌入式系统的一个组成部分，用于诊断嵌入式系统是否正在按预期运行。看门狗电路实际上是一个计数器，一般给看门狗一个数字，程序开始运行后看门狗开始计数。如果程序运行正常，过一段时间 CPU 应发出指令让看门狗置零，重新开始计数。如果看门狗增加到设定值就认为程序没有正常工作，强制整个系统复位。

由于标准和法规的约束，核电 DCS 系统的可靠性要求非常高，如果嵌入式系统未按预期运行而触发系统频繁复位，显然会导致频繁扰动的发生，影响系统的可靠性和稳定性。正因为如此，在核电 DCS 系统中，看门狗的设计通常不是简单实现“计数”“清零”和“复位”功能，而是需要设计一种看门狗诊断电路，实现以下功能：

(1) 监视 CPU(MCU)中嵌入式系统的运行状态；

(2) 在 CPU(MCU)异常时能够进行特殊(如复位)操作；

(3) 在 CPU(MCU)持续或频繁异常时进入故障处理模式；

(4) 实现看门狗电路自诊断功能，它有能力对电路本身进行诊断并进行故障处理。

一种基于外部芯片的嵌入式系统看门狗诊断电路实现方案如图 7-17 所示，本方案在嵌入式系统外部看门狗电路设置两个外部芯片——CPLD 和看门狗芯片，其所实现的功能如下。

(1) 看门狗芯片：用于对嵌入式系统进行喂狗检测，一定周期内(可通过硬件配置)嵌入式无喂狗操作，则会进行喂狗故障输出。

(2) CPLD：传输 CPU(MCU)的喂狗信号，对看门狗芯片进行喂狗操作；同时对看门狗芯片输出的喂狗故障信号进行识别，可以按照自定义方案进行故障处理。此外，CPLD 可以实现其他看门狗自诊断电路的诊断功能。

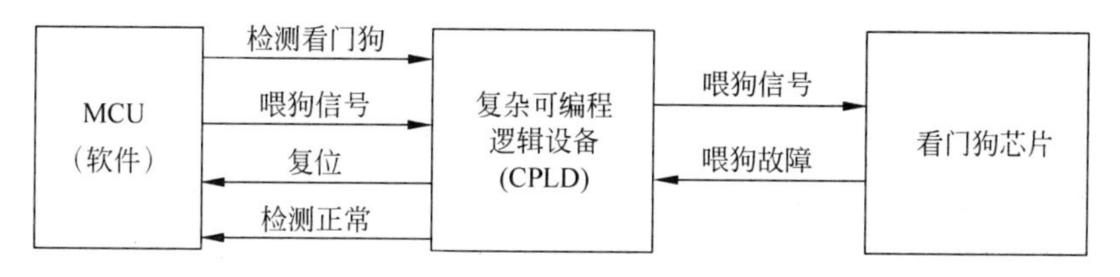

图 7-17 基于外部芯片的看门狗实现方案

本设计可以实现以下几种功能。

1) 正常看门狗喂狗模式

嵌入式系统喂狗时通过 CPLD 与看门狗配合形成看门狗逻辑，在一定周期内软件需要给 CPLD 发送喂狗信号，喂狗信号通过 CPLD 传给看门狗芯片，如果一定时间内软件没有触发喂狗信号，则看门狗芯片会触发喂狗失败信号给 CPLD，此时认为软件跑飞，CPLD 对软件进行复位操作。

2) 对于多次和频繁出现故障的处理模式

CPLD 内部看门狗实现机制如图 7-18 所示，如果出现软件不喂狗的情况，CPLD 会立即复位软件，并且对内部的计数器进行检测和设置。其中 CPLD 内部设置两个计数器 Counter1 和 Counter2，在软件跑飞后进行复位的情况下，看门狗会进行适当的喂狗操作。如果连续两次(Counter1)或累计 5 次(Counter2)出现不喂狗的情况,则 CPLD 会对软件进行长复位致软件挂死(无法恢复的故障)。

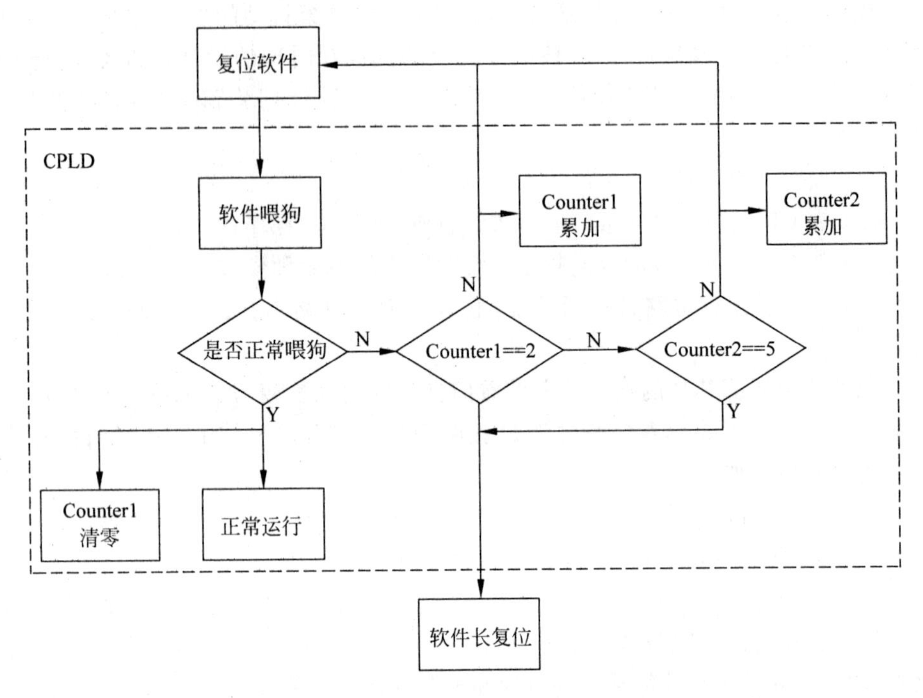

图 7-18 CPLD 中看门狗实现机制(虚线内)

3）看门狗电路自诊断模式

根据上述所提到的情况,还要求对看门狗电路本身进行自诊断检测,如图 7-19 所示。接口信号包括 CPLD 输出看门狗喂狗信号(WDI)、芯片输出看门狗喂狗反馈信号(WDO)、MCU 输出看门狗喂狗信号(WTD_FED)、CPLD 输出看门狗溢出复位信号(WTD_RST)、CPU(MCU)输出看门狗测试信号(TEST)、CPLD 输出看门狗测试通过信号(PASS)。

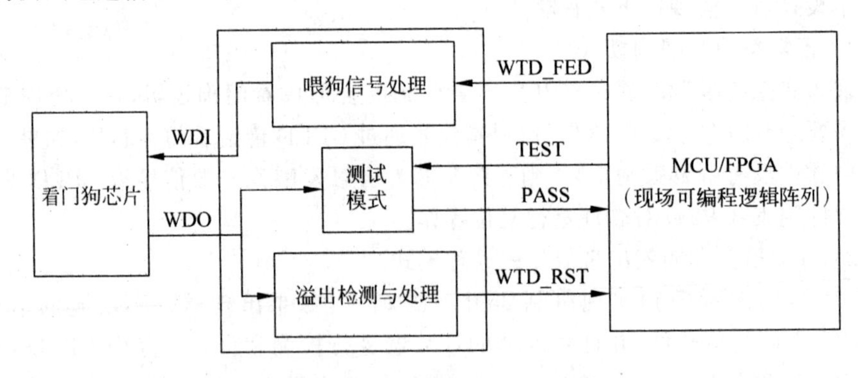

图 7-19 看门狗电路自诊断机制

在周期运行过程中，如果软件正常喂狗，会将 WTD_FED 信号进行翻转，CPLD 直接将此信号传递给看门狗芯片，当看门狗芯片读到此翻转信号后，会将 WDO 信号置高电平，表示喂狗正常。如果软件进行喂狗操作，则 WTD_FED 无翻转，在一定时间内（如 200ms）时钟无法检测到此反转信号，则看门狗芯片会将 WDO 置低，当 CPLD 检测到 WDO 置低时则认为喂狗失败，从而触发 Counter 计数和软件复位。

在自诊断过程中，会检测看门狗芯片是否正常，此诊断的过程如下：

a）软件触发看门狗检测，会将 TEST 信号送至 CPLD，并且停止喂狗（WTD_FED 不翻转）；

b）CPLD 读取到 TEST 信号后，会屏蔽复位软件信号（WTD_RST 持续为高，不复位）；

c）看门狗芯片在 200ms 内无法检测到 WTD_FED 翻转，则输出 WDO 为低；

d）CPLD 检测到 WDO 为低后，认为看门狗芯片功能正常，则输出 PASS 信号给软件，此时在测试模式下并不触发看门狗故障处理机制；

e）软件读取到 PASS 后认为看门狗功能正常，则跳出自诊断功能，下一周期正常喂狗。

看门狗芯片失效的情况下，软件在自诊断过程中无法读取到 PASS 信号，此时则会判断看门狗出现故障，从而报警。

7.5.2.5 程序顺序监控设计

程序顺序监控是嵌入式系统中检测程序是否按照预期顺序执行的一种方法，其工作为看门狗自诊断功能的补充，在看门狗自诊断的基础上能够进一步对程序执行的顺序和每一段程序的耗时进行检测，当程序没有按照预期顺序或者时间执行时会进行报错，从而进入故障处理模式。

与看门狗不同，程序顺序监控不必通过外部专用芯片实现，可以通过 CPLD 逻辑实现，如图 7-20 所示。

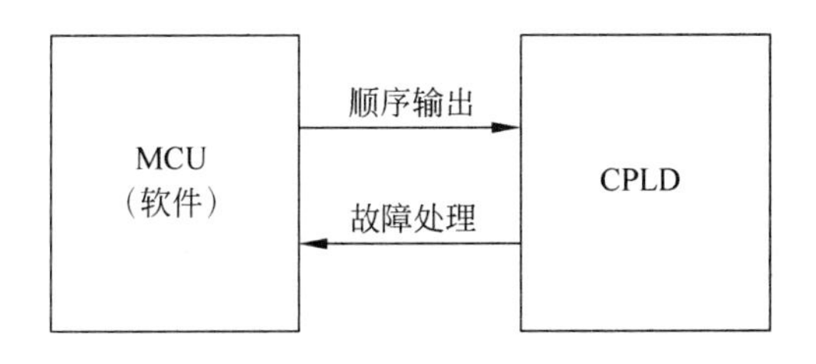

图 7-20 程序顺序监控实现

在系统上电后，CPLD 通过软件配置约定的时间窗对软件进行检测，并且与软件约定接口，软件执行的时候会按照 1→2→3→4→5 的序列进行发送，而 CPLD 按照预设的时间检测 1→2→3→4→5 序列，如果序列出现乱序或者超时，则认为软件运行异常，进行报错处理。

动态序列检测的实际功能由 CPLD 实现，CPLD 主要完成的工作如下：

(1) 通过状态机对 1→2→3→4→5 的序列进行检测；

(2) 状态机在检测到 1 时开始计时，在约定的时间窗内（由软件进行配置）若 1 到 5 的序列依次执行完成，则检测通过；

(3) 若序列到达时超过和未达到约定时间或者序列乱序，状态机进入 ERROR 状态并报检测错误，同时将计时器清零；

(4) 当检测到十进制数据 15 时，状态机进入等待状态直到下一个非 15 数据来到时进入 ERROR 状态；

(5) 在 ERROR 状态只有当逻辑复位时状态机才会进入初始状态。

逻辑状态机跳转图如图 7-21 所示。

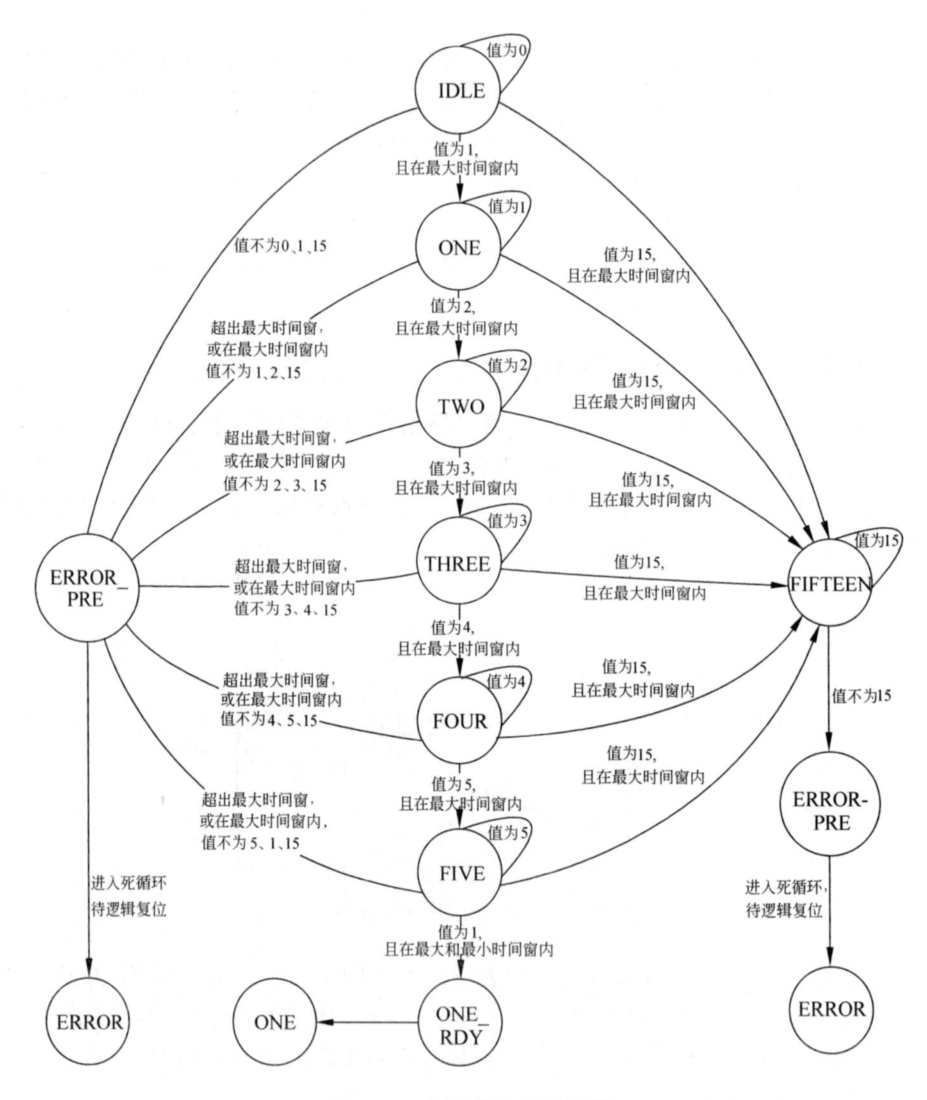

图 7-21　逻辑状态机跳转图

7.5.2.6 定时器自诊断设计

定时器是CPU的重要功能模块之一，其常用作定时时钟以实现定时控制。定时和计数的最终功能都通过计数实现，计数的事件源如果为周期固定的脉冲则可实现定时功能，否则只能实现计数功能。

核安全级DCS系统的定时器用来实现其周期控制，每周期对其功能进行诊断。读取系统当前时间 t_0，延时固定时间，读取系统时间 t_1，判断时间差是否在预期的诊断范围内，即可判断定时器功能是否正常。

7.5.2.7 网络负荷率监控设计

网络负荷率又叫网络负载率、网络使用率，是描述当前网络工作状态的重要标志，它是一个百分数。如果负荷率为0，就意味着网络处于完全空闲状态；而负载率为100%，网络就已经满负荷运转。

核安全级DCS系统对网络负荷率有一定的要求，其要求网络通信单元每个通信端口的通信负荷率小于40%，各通信协议采用确定性设计，固定长度通信协议数据帧，周期发送，不设应答机制，网络负荷是确定的。网络负荷只与通信协议类型相关，计算公式如下：

$$\text{网络负荷率}=\frac{\text{单位时间内最大传输数据量(b/s)}}{\text{网络带宽(b/s)}}\times 100\%$$

控制站的网络负荷率取各通信单元的网络负荷率中的最大值。

7.5.2.8 CPU负荷率监控设计

CPU负荷率又叫CPU使用率，是指运行的程序占用CPU资源的比重，表示系统在某个时间点的运行程序的情况。负荷高，则说明系统在这个时间上运行了很多程序，反之较少。

现代分时多任务操作系统对CPU都是分时间片使用的，如图7-22所示，某一时间点的任务数量并不固定，当多任务同时并发时，CPU负荷会提升；当任务数量下降时，CPU负荷会下降。

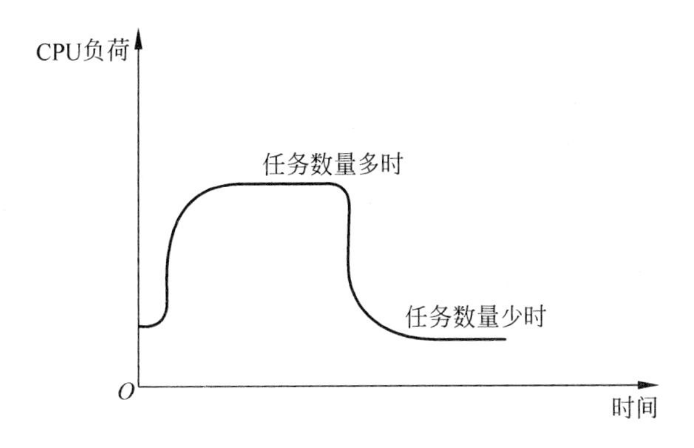

图7-22 分时多任务操作系统CPU负荷-时间图

核电站数字化保护系统有其独特的设计原则。其中最重要的一条设计原则是不使用操作系统,而使用单任务机制顺序执行系统功能。也就是在任何情况下系统有且只有一个任务在执行,所以系统功能确定的情况下,DCS 系统的 CPU 负荷是恒定的,如图 7-23 所示。

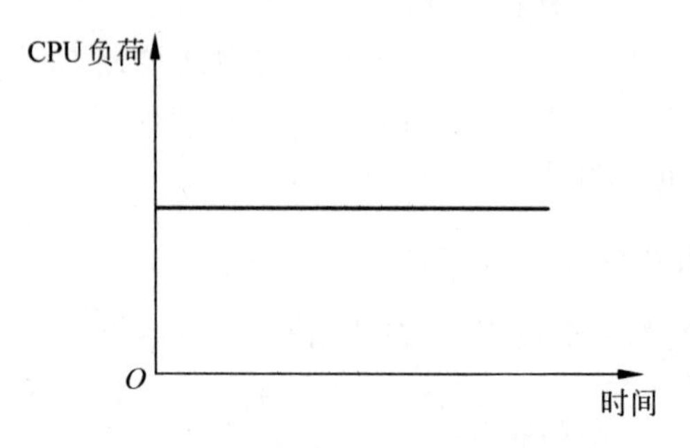

图 7-23 无操作系统 CPU 负荷-时间图

作为整个 DCS 系统的主控制板卡,MPU 板卡的 CPU 负荷就是 DCS 系统的 CPU 负荷。MPU 板卡的运行周期如图 7-24 所示。

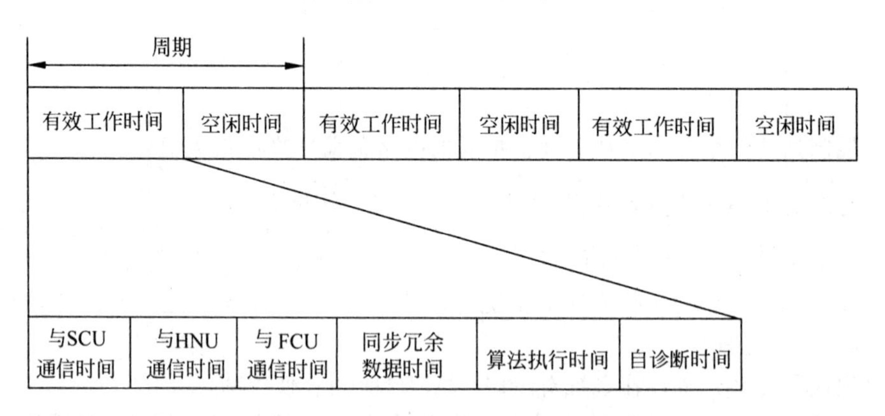

图 7-24 MPU 板卡运行周期示意图

MPU 板卡的 CPU 负荷实际是指板卡有效工作时间占整个周期的比率。计算公式如下:

$$\text{CPU 负荷}=\frac{\text{有效工作时间}}{\text{周期}}\times 100\%$$

从图 7-24 中可以看出影响有效工作时间的主要有 6 个方面:

(1) 与 SCU 通信时间;

(2) 与 HNU 通信时间;

(3) 与 FCU 通信时间;

(4) 同步冗余数据时间;

(5) 算法执行时间;

（6）自诊断时间。

其中第(1)项、第(2)项和第(3)项与设备组态的规模有关,第(4)项和第(5)项与算法组态的复杂程度有关,而第(6)项的时间基本固定。

计算公式可以展开为

CPU负荷＝(SCU板卡数量×与一个SCU板卡通信时间＋HNU板卡数量×与一个HNU板卡通信时间＋FCU板卡数量×与一个FCU板卡通信时间＋同步冗余数据时间＋算法执行时间＋自诊断时间)/周期×100%

可以看出,如果某个应用工程的设备组态和算法组态都已确定,则DCS系统的CPU负荷也是确定的。定性地来说,应用工程越简单,使用的设备越少,则系统的CPU负荷就越低。

7.5.3 和睦系统故障通信诊断方案

和睦系统采用了安全级DCS网络通信(如图7-25所示),来保证数据通信的安全性。

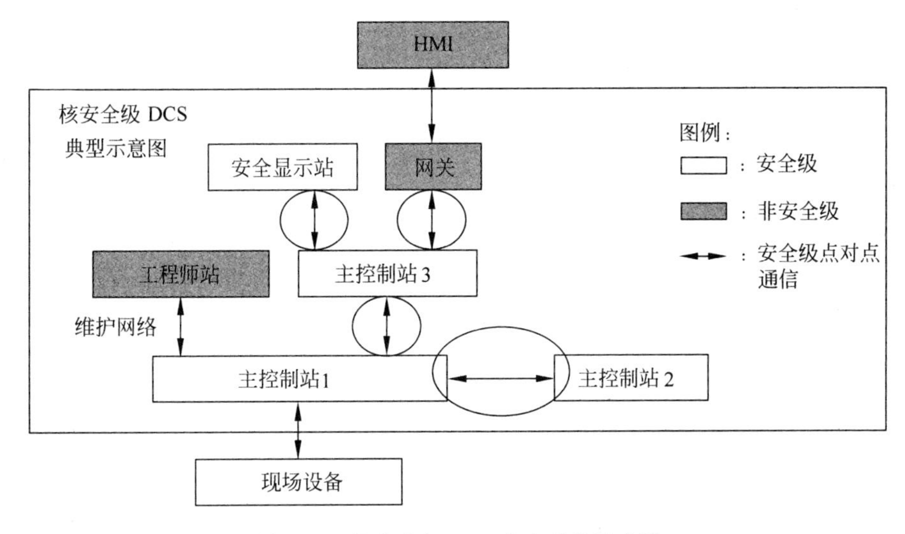

图7-25 核安全级DCS安全通信示意图

7.5.3.1 点对点通信网络协议数据格式

安全级网络的通信协议采用了OSI模型中的三个层,分别是:第一层,物理层;第二层,数据链路层;第七层,应用层,如图7-26所示。

点对点网络协议物理层基于IEEE 802.3标准,通信带宽固定为100Mbps,通信方式为全双工,协议满足安全通信的独立性和确定性的要求。点对点网络协议采用全双工的点对点连接,既实现了接收和发送的同时进行,又避免了多路传输的

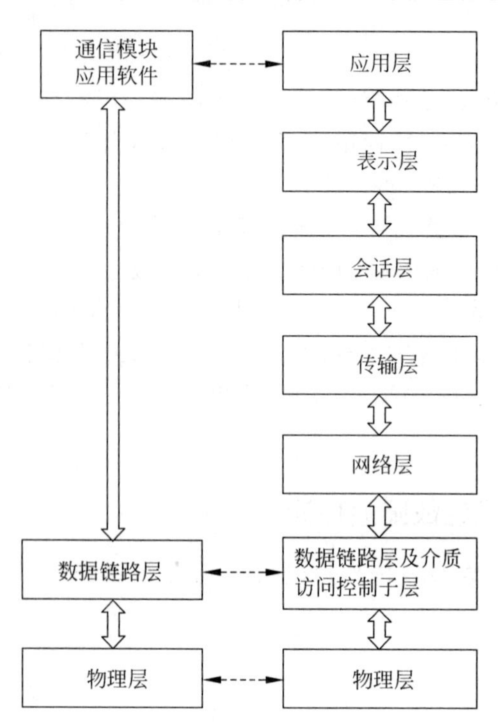

图 7-26　点对点通信网络与 ISO/OSI 标准网络模型的对应关系

相互干扰，保证了通信的确定性。网络的发送方和接收方使用异步通信方式。发送方在首次发送成功后，进行第二次发送（对核冗余）。整个过程中接收方不需应答。

A 和 B 为两个点对点网络模块，A 以固定的时间间隔进行数据传输，并由重发机制在同一周期完成重发，如图 7-27 所示。每周期使用相互独立的链路向对方网络芯片发送数据帧，B 在同一周期处理接收到数据帧。

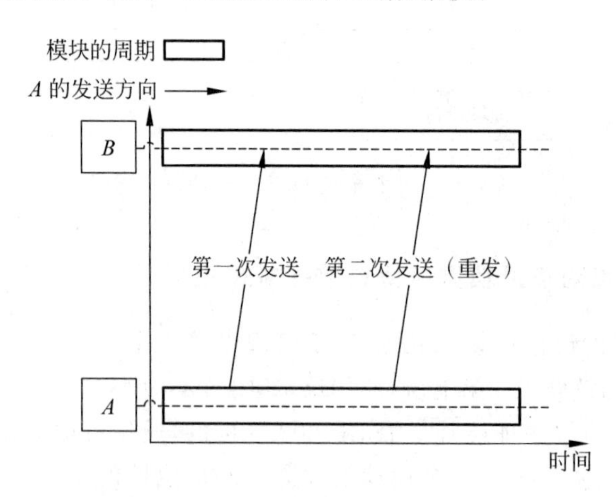

图 7-27　点对点通信协议活动图

接收方和发送方使用异步通信方式，接收方不能向发送方发送应答帧。接收方读取网络数据时，网络设备只可以使用定期查询的方式来读取网络数据帧，不能使用中断机制读取网络数据。点对点通信协议的数据帧结构如表7-13所示，其中的数据帧结构为目的MAC地址、源MAC地址、应用层协议号、应用层数据部分和CRC校验码。其中应用层协议号固定为0XAABB。

表7-13 点对点通信协议的数据帧结构

目的MAC地址	源MAC地址	应用层协议号	应用层数据	CRC校验

将应用层数据帧的总长度定义为1000B，应用层的数据帧结构如表7-14所示。

表7-14 点对点通信应用层的数据帧结构

功能码	应用模式	TICK值	报文序列号	数据长度	本分组有效数据长度	分组总数	分组序号	重传位	保留区	上层数据	CRC校验码

表7-14中各项说明如下。

功能码：是对数据模式做了特定标识。

应用模式：按照协议规定，固定数值为3。

TICK值：每周期累加1，即为周期循环数。

报文序列号：本周期内发送报文的序列号，该字段和重传位强相关。序列号为1表示为本周期首传数据帧，重传位为0；序列号为2表示为本周期重传数据帧，重传位为1。

数据长度：代表整个数据帧的长度，起始位置为目的MAC地址，终止位置为CRC校验码。

本分组有效数据长度：代表上层数据的有效数据长度。

分组总数：代表本组数据总包数。

分组序号：代表本组数据的包号。

重传位：0表示为本周期首传数据帧；1表示为本周期重传数据帧。两包数据帧除了报文序列号、重传位以及CRC校验码外，其他字段完全一致。

保留区：数值为0，为协议扩展字段。

上层数据：系统采集或需要发送的命令。

CRC校验码：重传位为0，使用CRC校验值为0x04C11DB7；重传位为1，使用CRC校验值为0xBA0DC66B。

图7-28所示为发送方发送数据处理流程图。

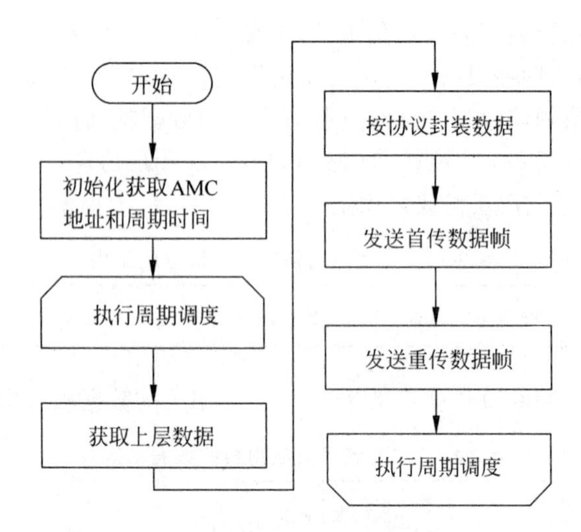

图 7-28 发送方发送数据处理流程图

点对点通信网络故障诊断流程如图 7-29 所示。

假设发送方在初始化阶段获取本方运行周期为 10ms，本地 MAC 为{0x01,0x05,0x03,0x07,0x0a}，目的 MAC 为{0x02,0x03,0x05,0x0a,0x0b}，接收方在初始化阶段获取本方运行周期为 10ms，本地 MAC 为{0x02,0x03,0x05,0x0a,0x0b}，目的 MAC 为{0x01,0x05,0x03,0x07,0x0a}。接收方设定的接收数据帧时间窗为 20ms，诊断异常次数的容限阈值为 3 次。具体诊断方法如下：

步骤 1，发送方进入循环周期后，周期性获取上层数据并对上层数据按照协议格式进行封装，其中 TICK 值取为循环周期值，从 0 开始。对于首传数据帧，报文序列号为 0，重传位为 0，使用 CRC 校验值为 0x04C11DB7；对于重传数据帧，报文序列号为 1，重传位为 1，使用 CRC 校验值为 0xBA0DC66B。

步骤 2，接收方进入循环周期后，开始对接收的数据帧进行周期诊断。若接收方在当前周期没有接收到数据帧则进入步骤 6；接收方接收到发送方发送的数据帧后，则检查数据帧的目的 MAC 是否为{0x02,0x03,0x05,0x0a,0x0b}，源 MAC 是否为{0x01,0x05,0x03,0x07,0x0a}，若检查异常则诊断错误寻址，当诊断异常时记录异常原因，进入步骤 7，当检查正常时，进入步骤 3。

步骤 3，通过诊断数据帧 TICK、报文序列号和重传位判断是否发生重传、错序、丢失、无效插入四种网络错误，具体方法如下：

假设上一数据帧 TICK 值为 0x5A，报文序列号为 1，重传位为 0，本次接收到的数据帧 TICK 值为 0x5B，报文序列号为 1，重传位为 0，则可诊断为数据帧丢失；

假设上一数据帧 TICK 值为 0x5A，报文序列号为 1，重传位为 0，本次接收到的数据帧 TICK 值为 0x5A，报文序列号为 1，重传位为 0，则可诊断为重传；

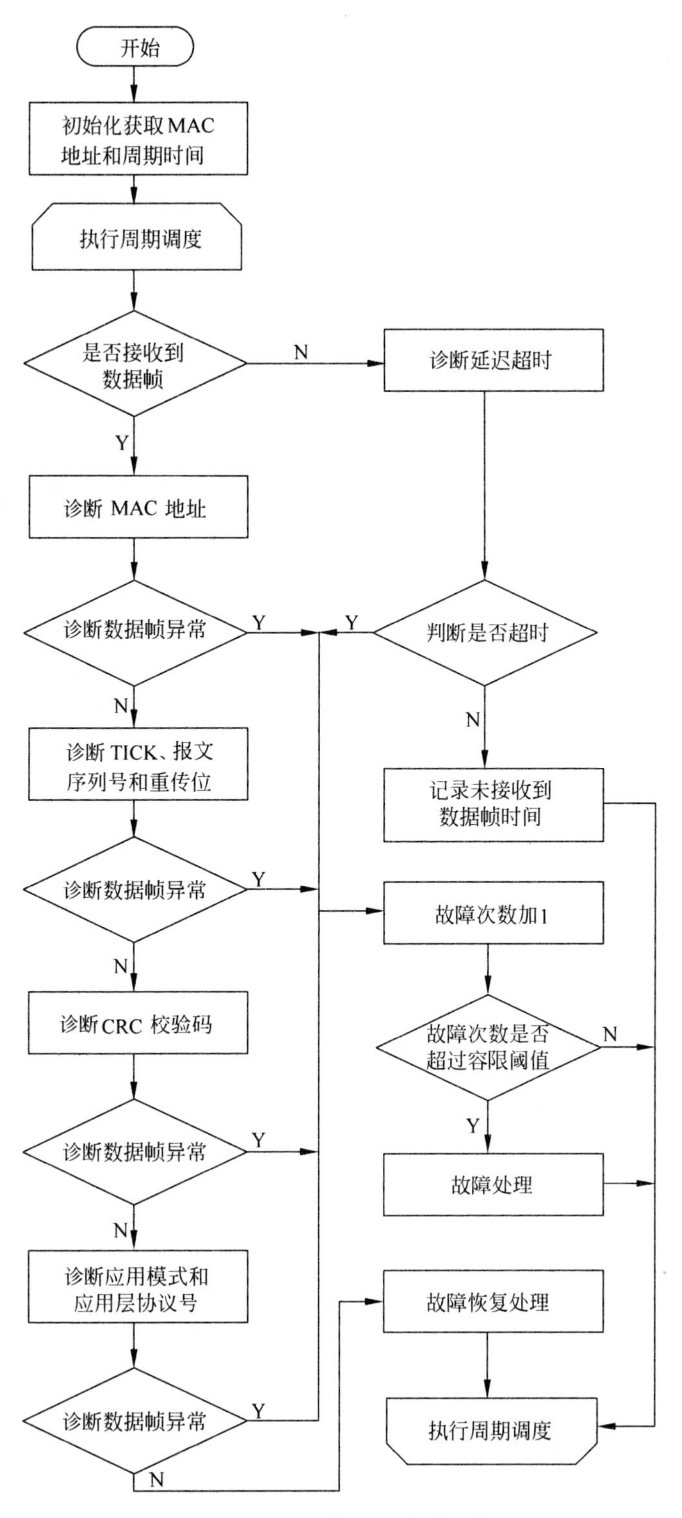

图 7-29 点对点通信网络故障诊断流程

假设上一数据帧 TICK 值为 0x5A，报文序列号为 1，重传位为 0，本次接收到的数据帧 TICK 值为 0x50，报文序列号为 1，重传位为 0，则可诊断为错序；

假设上一数据帧 TICK 值为 0x5A，报文序列号为 1，重传位为 0，本次接收到的数据帧 TICK 值为 0x3C，报文序列号为 9，重传位为 0，则可诊断为无效插入；

假设上一数据帧 TICK 值为 0x5A，报文序列号为 0，重传位为 0，本次接收到的数据帧 TICK 值为 0x5A，报文序列号为 2，重传位为 1，则可诊断为正常。

根据上面的诊断信息，当诊断异常时记录异常原因，进入步骤 7；当检查正常时，进入步骤 4。

步骤 4，对首传数据帧和重传数据帧进行 CRC 校验，若校验成功则对两包数据帧的上层数据进行二进制比较。若比较结果为两包数据帧的上层数据完全一致，则诊断为正常，进入步骤 5；否则诊断为数据崩溃，进入步骤 7。

步骤 5，检查数据帧的应用模式和应用层协议号是否为预先设定值，即检查应用模式是否等于 3，应用层协议号是否等于 0xAABB，若不等于则诊断为伪装报文，进入步骤 7；否则诊断为正常，进入步骤 8。

步骤 6，若本周期没有接收到数据帧，当累计未接收到数据帧时间超过 20ms 时，则诊断为延时超时，进入步骤 7；否则保持当前状态并记录未接收到数据帧时间，进入下一周期进行诊断。

步骤 7，诊断异常次数加 1，若诊断异常次数累计未达到 3 次则维护状态不变，否则进行故障处理。

将接收数据帧的上层数据的质量位置为 0x2C，0x2C 代表为本接收方置的质量位，以便于查找和定位。

外观提示：关闭代表通信正常“RUN”灯，并且利用点阵显示故障具体原因，若诊断为数据崩溃点阵显示“W001”，若诊断为数据意外重传点阵显示“W002”，若诊断为错序点阵显示“W003”，若诊断为丢失点阵显示“W004”，若诊断为延迟超时点阵显示“W005”，若诊断为无效插入点阵显示“W006”，若诊断为伪装报文点阵显示“W007”，若诊断为错误寻址点阵显示“W008”。

故障处理完毕进入下一周期进行诊断。

步骤 8，诊断异常次数清零，进行故障恢复处理。

将接收数据帧的上层数据的质量位置为有效，即将上层数据的质量位置为 0。

外观提示：点亮代表通信正常“RUN”灯，点阵不再显示任何信息表示网络诊断一切正常。

故障恢复处理完毕后，进入下一周期进行诊断。

综上，核安全级 DCS 通信协议的故障诊断方法是基于由应用层、数据链路层和物理层构成的点对点网络协议，通过发送方获取目的 MAC、源 MAC 和上层数据，并对获取的上层数据按照帧格式进行封装发送，检查数据帧目的 MAC 和源 MAC 诊断错误寻址，判断数据帧 TICK 和报文序列号，利用 CRC 校验码诊断数据崩溃错误。本故障诊断方法，实现了对8种网络错误的诊断全覆盖；可以确保错误数据不会被误用；设置合理的网络诊断故障次数容限阈值，既保证系统稳定，又能在确认为网络故障的情况下第一时间上报，可有效确保核安全级DCS点对点通信质量。

7.5.3.2 I/O通信网络故障诊断设计

1. I/O通信网络介绍

（1）在一对多设计拓扑中一条链路最多支持12块I/O单元进行通信，即一个主节点（I/O通信单元）最多对应12个从节点（I/O单元），其硬件设计拓扑图如图7-30所示。

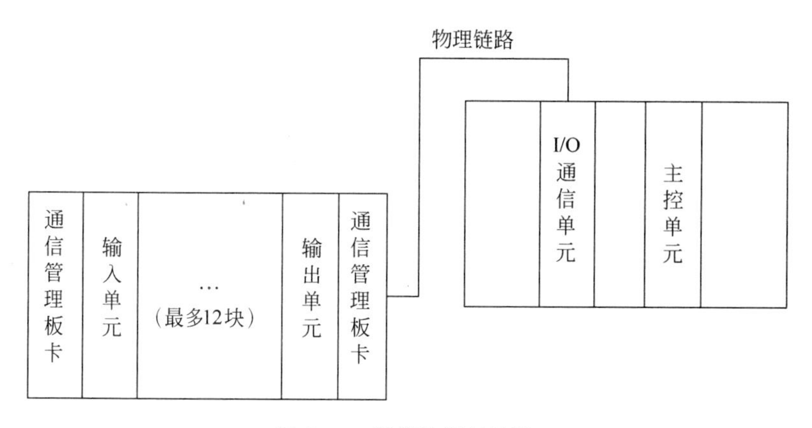

图7-30 通信协议拓扑图

（2）网络协议物理层基于IEEE 802.3标准，通信带宽固定为100Mbps，通信方式为全双工。

2. I/O通信网络协议格式

通信网络数据帧格式如表7-15～表7-17所示。

表7-15 协议数据帧结构

目的MAC地址	源MAC地址	协议类型标识	重传位	协议应用层数据部分

表7-16 主节点发送从节点接收的应用层数据报文结构

…	配置信息	主节点状态信息	输出数据	保留	CRC校验

表 7-17 从节点发送主节点接收的数据报文结构

从节点报文序列号	标识信息	从节点状态信息	采集数据	保留	CRC 校验

3. I/O 通信网络故障诊断设计

(1) 引入约定的 MAC 地址,绑定站号和槽号可有效预防寻址错误。

(2) 使用协议类型特有标识,以增加安全性。该标识为特有的加密算法,和一些协议动态字段相关,若解密失败,则直接舍弃该帧。

(3) 引入冗余重传机制,对首传包和重传包内容进行一致性检查。

(4) 引入包序列号字段,可检查丢包、错序、逆序、无效插入等通信错误。

(5) 在包序列号的基础上,接收端结合发送方周期检查接收超时错误。

(6) 重传包和首传包使用不同的 CRC 多项式,可进一步减小网络残差率。

(7) 综上所述,协议安全措施对传输错误的控制覆盖情况如表 7-18 所示。

表 7-18 协议安全措施对传输错误的控制覆盖情况

<table>
<tr><th rowspan="2">通信错误</th><th colspan="8">安全措施</th></tr>
<tr><th>报文序列号</th><th>时间戳</th><th>时间窗</th><th>连接身份确认</th><th>反馈报文</th><th>数据一致性校验</th><th>数据冗余</th><th>相异的数据一致性校验</th></tr>
<tr><td>数据崩溃</td><td></td><td rowspan="8">不涉及</td><td></td><td></td><td rowspan="8">不涉及</td><td>√</td><td></td><td></td></tr>
<tr><td>意外重传</td><td>√</td><td></td><td></td><td></td><td>√</td><td></td></tr>
<tr><td>错序</td><td>√</td><td></td><td></td><td></td><td>√</td><td></td></tr>
<tr><td>丢失</td><td>√</td><td></td><td></td><td></td><td>√</td><td></td></tr>
<tr><td>延迟超时</td><td></td><td>√</td><td></td><td></td><td></td><td></td></tr>
<tr><td>无效插入</td><td>√</td><td></td><td>√</td><td></td><td>√</td><td></td></tr>
<tr><td>伪装报文</td><td></td><td></td><td>√</td><td></td><td></td><td>√</td></tr>
<tr><td>错误寻址</td><td></td><td></td><td>√</td><td></td><td></td><td></td></tr>
</table>

从表 7-18 中可以看出,除了时间戳和反馈报文安全措施,其他都是基于 IEC 标准并且进行了灵活运用,做到了 8 种网络错误诊断全覆盖。

I/O 通信网络故障诊断设计流程与点对点网络通信故障诊断处理流程基本一致,这里不再赘述。

7.5.3.3 多节点通信网络故障诊断设计

在核安全级 DCS 系统中,有一种关键的通信网络——多节点通信网络,用于保护系统内各控制站之间、控制站与安全显示以及网关之间的多点通信,主要传输反应堆运行参数、控制系统状态等数据。具体如图 7-31 所示。

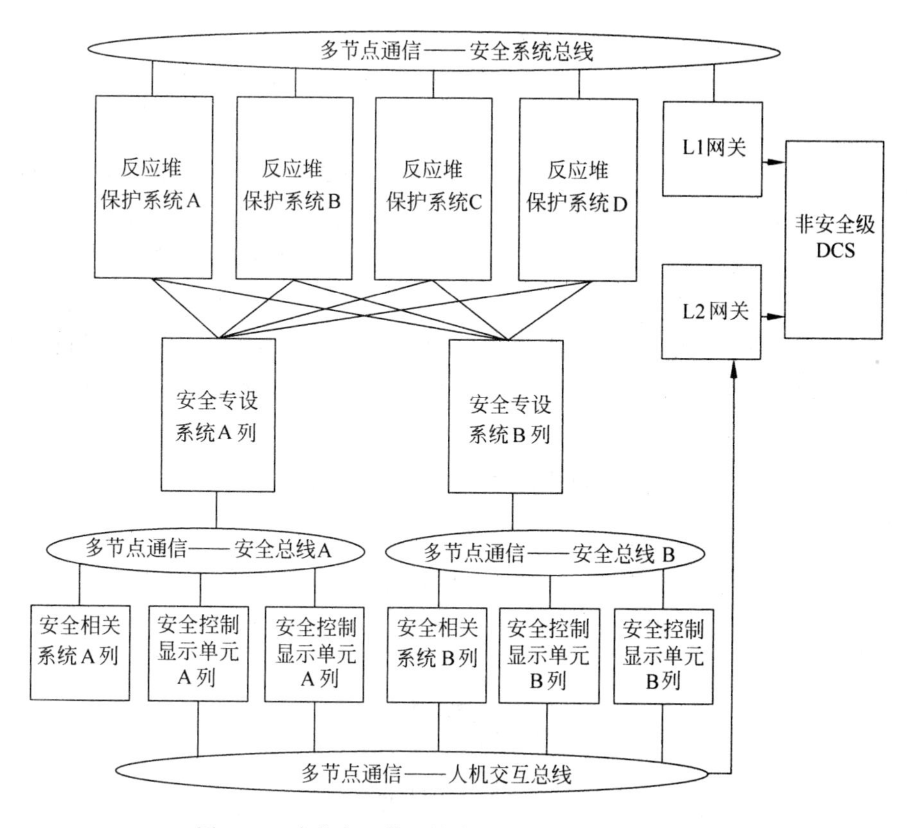

图 7-31 多节点通信网络在核安全级 DCS 中的位置

综合考虑布线、节点独立性、协议复杂度等因素，多点通信网络采用冗余环形拓扑结构，如图 7-32 所示。节点周期性地同时在两个环上广播数据，实现数据冗余。

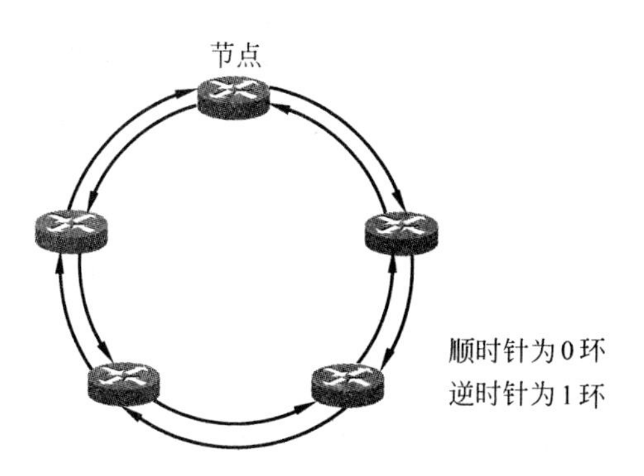

图 7-32 多点结构拓扑图

多点通信网络节点在0环和1环上同时发送相同的数据帧，使得数据可以在两个方向上接近目的节点。当单一节点故障时，一个方向的数据帧被阻隔，但是另一个方向的数据帧依然可以完成传输，这样就自然而然形成了冗余。在网络处于闭环的情况下，数据帧从一个节点发出，经过其他所有节点后可以回到发送源点，这样数据可以传输到环上的所有节点。环网的可靠性主要体现在单一节点故障的情况下，即当某个链路损坏或某个节点故障，环网成为开环状态时，数据传输依然得到保证，对单节点故障容错。单节点故障时无须自愈处理，故障节点也不会造成整个网络的通信故障。

如图7-33所示，当 D 和 E 间的链路损坏时，A 发出的数据通过0环到达 E，同时还能通过1环到达 D，也就是说 A 的数据依然能够发送到环上的所有节点。

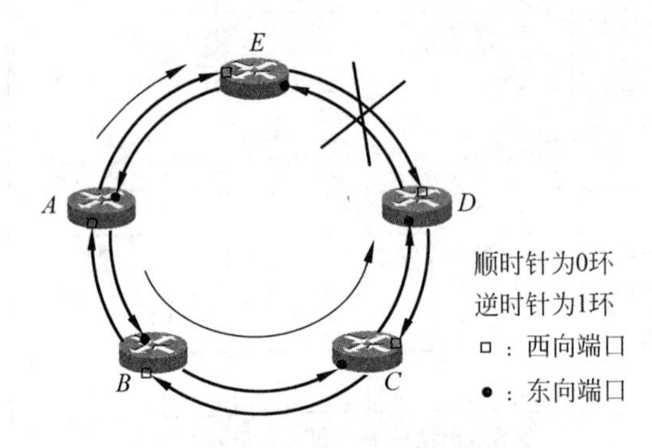

图7-33 单一故障容错示意图

同理可知，当网络中某一节点损坏时，其余节点间的数据通信依然可以完成。

多节点网络针对IEC 61500和IEC 61508规定的八种常见网络通信错误采取相应的通信协议进行检错和容错。其采用CRC 64检查来数据完整性，所以通信残差率更低。

多节点网络协议为自定义的私有协议，与已有的任何通信协议都不兼容，能够有效避免恶意的伪装、插入和探测等攻击，还采用源地址过滤、接入检查等技术屏蔽非法网络数据。多节点协议中除上述8种常见网络通信错误，还额外定义了乱发无用错误、超长帧错误、消息过早错误、源站点故障错误、TTL错误等方式对网络数据进行完整性、正确性和有效性校验。另外，环形拓扑天然的封闭性也有利于实现网络的信息安全。

7.5.4 和睦系统故障诊断信息存储方案设计

7.5.4.1 整体设计

核安全级DCS设备所有智能板卡的状态信息都分别汇集到MPU板卡、GPU

200 和网关的系统状态区，通过系统状态区数据，结合状态信息定义和工程设备组态即可判断出板卡的故障日志信息，如图 7-34 所示。

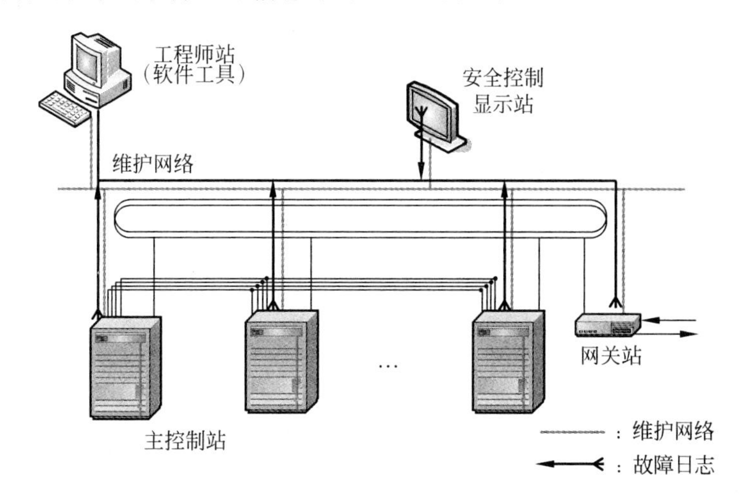

图 7-34 核安全级 DCS 通信网络示意

和睦系统所采用的故障日志获取方式如图 7-35 所示。

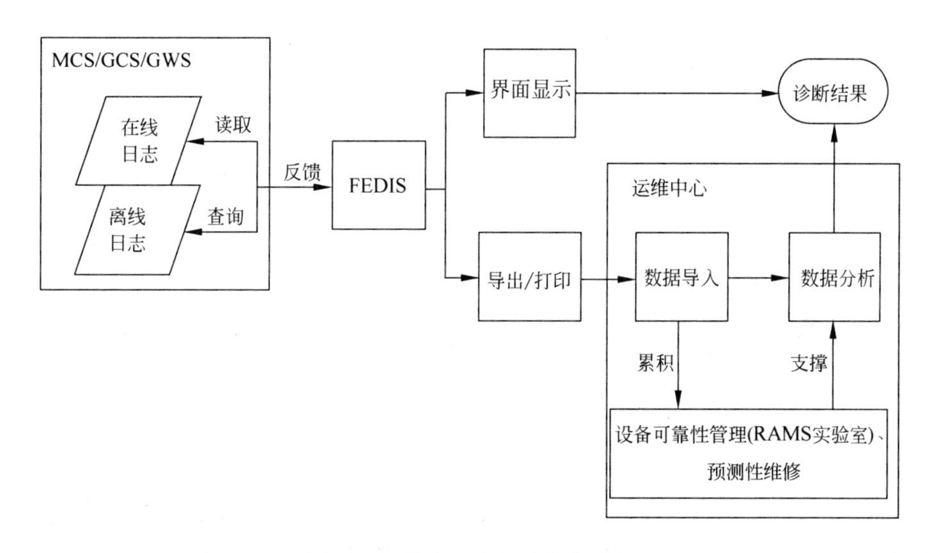

图 7-35 故障日志自动获取示意

MPU、GPU 200 和网关负责对比相邻两个运行周期内系统状态区的数据，如果有变化则把系统状态区内有效数据记录在日志记录区。

MPU、GPU 200 和网关故障日志、自动获取的流程如图 7-36 所示。

7.5.4.2 故障日志的存储与解析

MPU、GPU 200 和网关在 RAM 中开辟专用的存储区域，在生成系统状态日

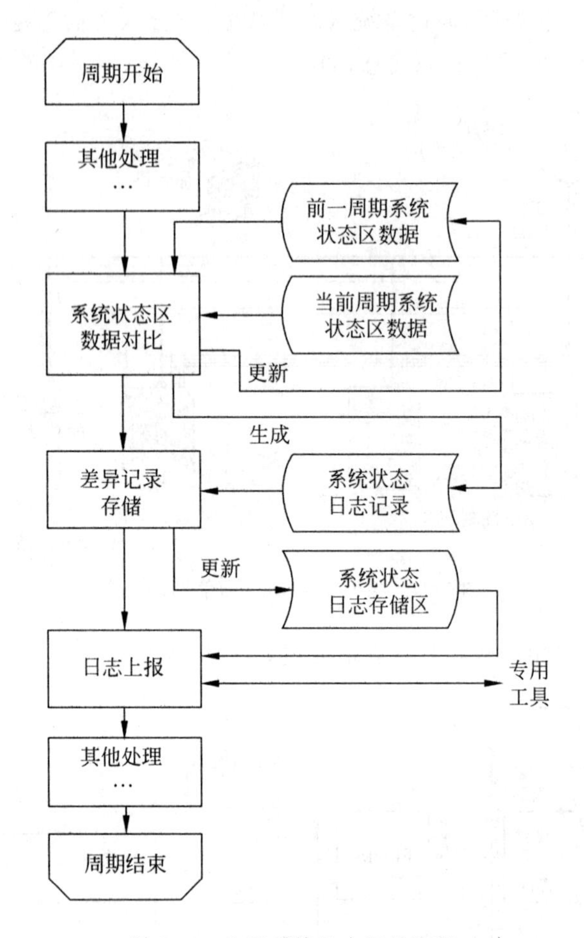

图 7-36　和睦系统日志记录流程

志记录后依次追加到专用存储区，最多存储 512 条记录，存储区满后新的记录依次覆盖最早的记录。

MPU、GPU 200 和网关连接维护工具把系统状态日志区数据上报到工程师站后，维护工具把系统状态日志记录存储到本地硬盘，以供维护工具查询。

维护工具从 MPU、GPU 200 和网关读取系统状态日志记录后，根据状态区定义和工程设备组态信息解析出故障日志记录，以列表方式进行显示，内容包括但不限于：站号、机箱号、槽号，板卡类型；故障编码，详细的文本描述；故障发生和消除的时间、持续时间。

维护工具的处理流程如图 7-37 所示。

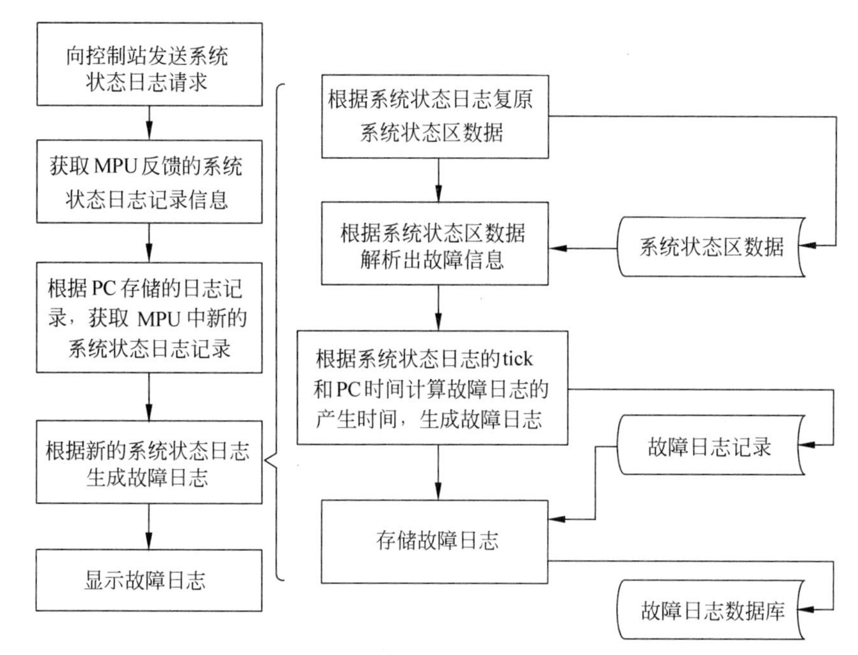

图 7-37 维护工具的故障日志处理流程

7.6 应用系统故障诊断方案设计

7.6.1 阳江5号机RPS诊断信息传输总体方案

自诊断功能的核心是检测自身状态并将诊断信息上报,因此故障分析工作是自诊断功能的设计基础,故障分析与诊断措施设计、报警指示方案设计为RPS自诊断功能的设计工作。本节将总体概述RPS自诊断功能总体设计方案,并在后文展开详细方案阐述。

根据设计原则,RPS自诊断方案总体设计时,各子系统的诊断与报警指示信息流如图7-38所示。

图7-38所示RPS的总体自诊断方案具有以下特点。

(1)故障诊断。故障诊断措施包括平台自诊断措施和应用自诊断措施;故障诊断措施周期运行,范围涵盖信号采集、信号处理、数据通信和信号输出等设备,一旦检测到故障,将通过数据质量位或设备状态信息上报,作为后续报警指示的依据。

(2)报警指示设计。包括主控室指示和本地报警,这两个层次的报警指示,均需要故障诊断措施上报的故障诊断信息。

- 主控室指示为顶层报警指示,RPS的故障信息通过网络传输至主控室非安全级DCS并进行图形指示,帮助操作人员和维护人员定位故障设备和明确故障严酷等级。不同的子系统有不同的信息上报机制。

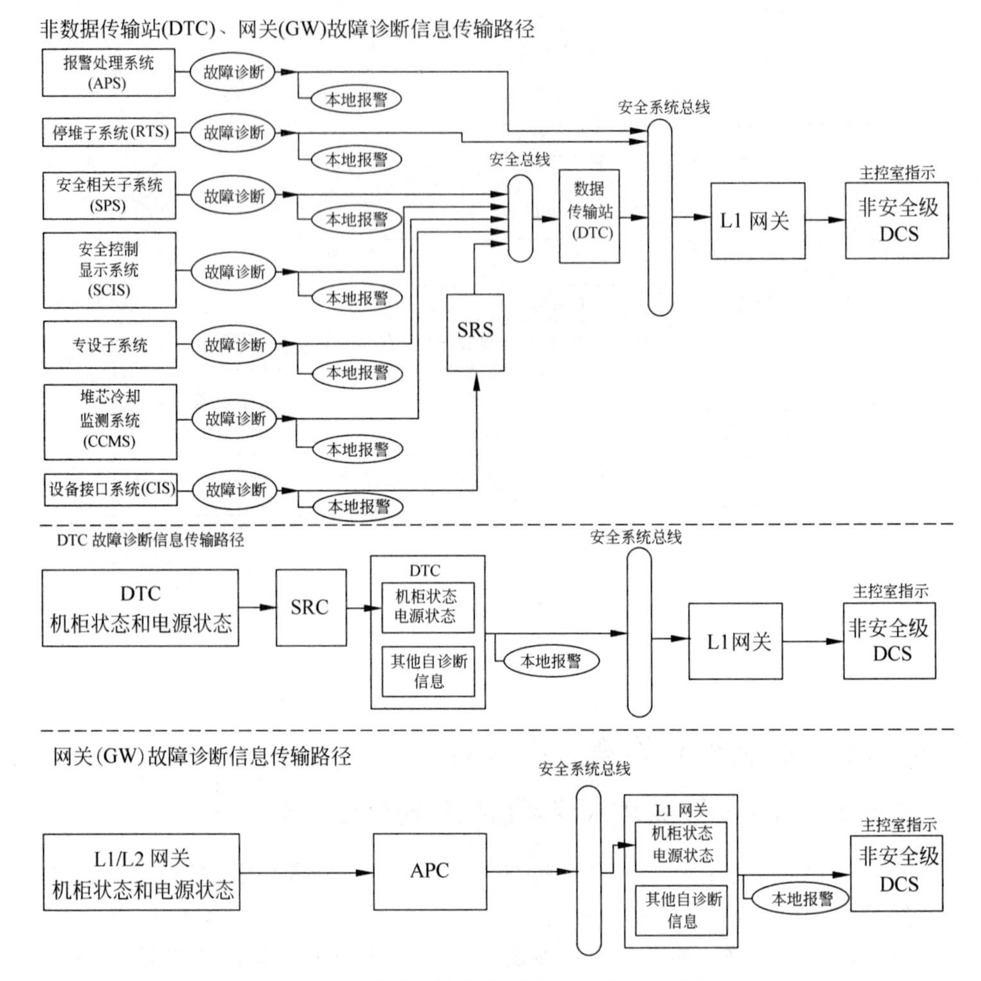

图 7-38 应用系统故障诊断功能总体方案示意图

- 本地报警为低一层次报警指示，通过机柜指示、板卡或模块指示帮助维护人员迅速锁定故障所在机柜和故障板卡或模块。

7.6.2 阳江 5 号机 RPS 故障诊断信息上报

和睦系统平台各板卡和模块的故障诊断信息按照如下方式进行上报。

(1) 对于平台各板卡或模块的诊断信息，可通过相应设备诊断功能块获取。

(2) 对于通信故障，板卡自身通信故障信息获取方式参照(1)；对于通信链路故障，由通信数据质量位记录，质量位信息可通过数据转换类型功能块获取。

(3) 对于热备冗余控制站，发生主从切换后，原主机所有主控类设备(MPU、SCU、HNU、FCU)通信中断、停止运行、进入故障处理状态，现主机将报原主机所在控制站发生 Failure 故障。

(4) 环网通信路径实际包括 FCU/FNU 和 FOM，为简化，下文所示的诊断信息传输路径图中仅画出 FCU/FNU，用以代表环网通信。

(5) 对于来自于 RPS 的诊断信息（三类报警点：Failure、Alarm 和 I/O Warning），当传输路径中任一通信链路中断导致诊断信息（Failure、Alarm 或 I/O Warning）无法正常传输时，相应报警信息的数据质量位将被置为坏（Bad），非安全级 DCS 应同时将诊断信息的数据位和质量位状态作为报警指示的触发条件，即当 RPS 诊断信息的数据位为 False 或质量位为 Bad 时，非安全级 DCS 按该诊断信息所代表故障进行报警指示。

(6) 柜门状态异常、风扇状态异常、机柜温度超上限、电源及空开的异常状态由 DI 点采集，进行逻辑处理后上报，当相应 DI 点发生故障时，将该 DI 点的诊断信息置为正常。

7.6.3 阳江 5 号机 RPS 报警指示方案

本节基于前文所述技术方法，描述了热备冗余控制站、安全控制显示站和网关站的报警指示方案，下文将详细介绍。

7.6.3.1 热备冗余控制站报警指示方案

不同的设备故障，信息传输路径和方式有所不同，下文将分别介绍。由于电源分配柜（PDC）没有智能板卡，无法获取自身设备的状态信息，因此需要 RPC 中的 DI 板卡采集上报。RTS 控制站的 I/O 板卡故障、电源故障和机柜异常信息传输路径如图 7-39 所示。

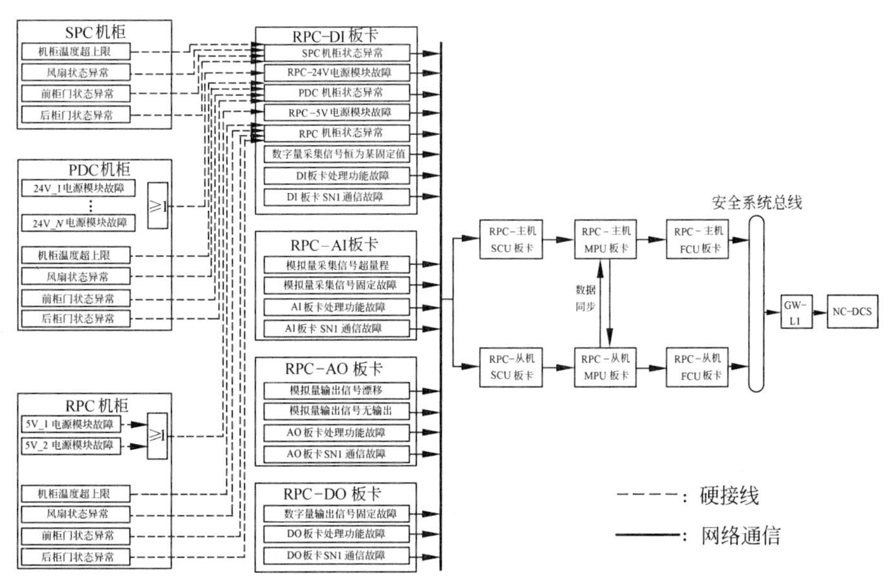

图 7-39　RTS 控制站 I/O 板卡故障、电源故障与机柜异常信息传输路径

非 MPU 与 FCU 故障时 RTS 控制站故障信息传输路径如图 7-40 所示。

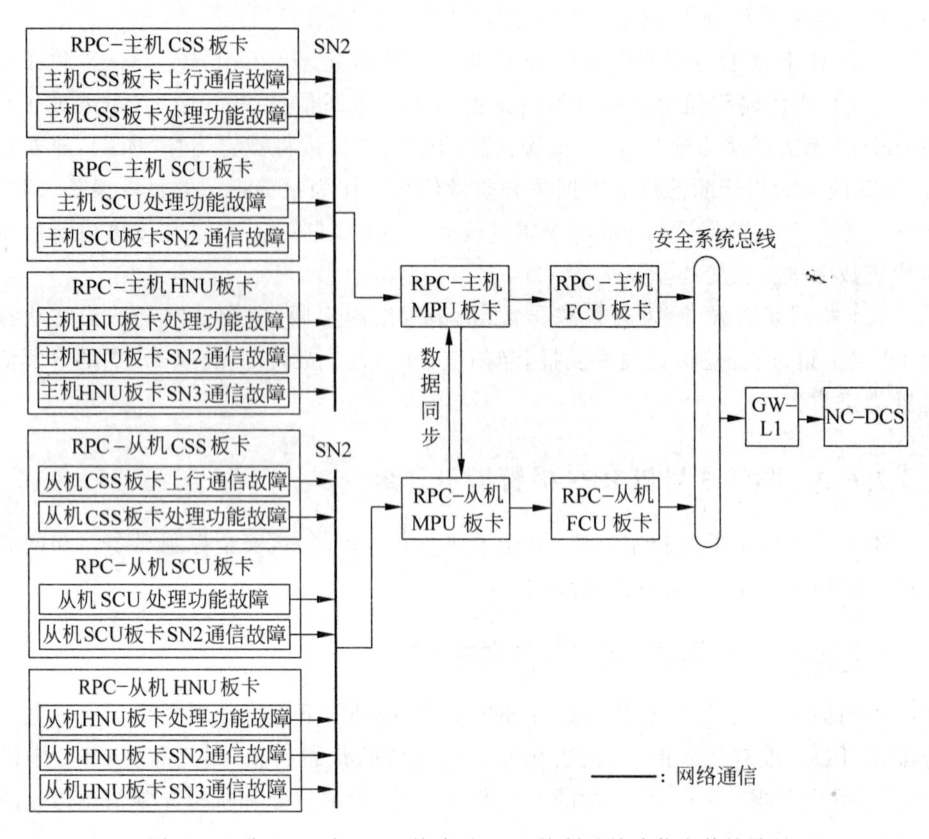

图 7-40　非 MPU 与 FCU 故障时 RTS 控制站故障信息传输路径

MPU 故障时 RTS 控制站故障信息传输路径如图 7-41 所示。

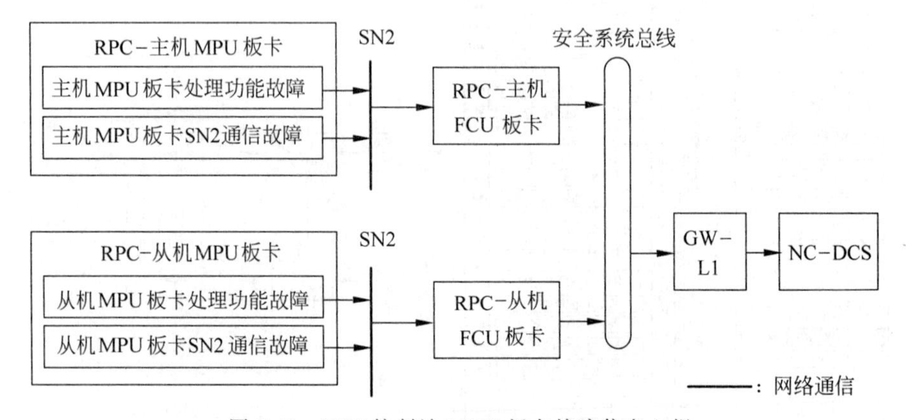

图 7-41　RTS 控制站 MPU 板卡故障信息上报

RTS 控制站 FCU 故障信息上报路径如图 7-42 所示。

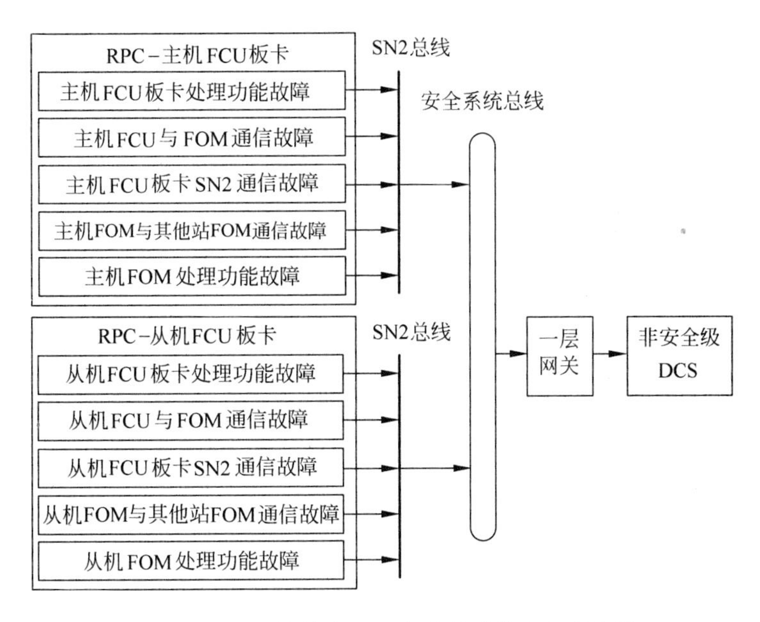

图 7-42 RTS控制站FCU板卡故障信息上报路径

图7-42显示了RTS控制站故障信息上报路径，由图示可知，当某一通信节点发生故障时，其自身的故障信息以及前级设备的故障信息只能由后级通信设备判断确定。

RTS控制站的所有故障模式将根据前述内容确定的严酷等级分类，送往非安全级DCS进行报警指示。RTS共有4个保护通道，每个保护通道两个子组，每个子组配置一套主从热备冗余的控制柜，其中每个热备冗余控制柜的主机和从机均送出一组表征自身状态的信息，每组信息包含主从状态指示点、Failure信息、Alarm信息和I/O Warning信息。其报警指示逻辑如图7-43所示。

图7-43所示为通信链路正常时的报警指示逻辑，当传输路径中任一通信链路中断导致报警信息(Failure、Alarm或I/O Warning)无法正常传输时，相应报警信息的数据质量位将置为坏，非安全级DCS报出相应的故障等级。

对于本地报警，主要采用机柜灯报警，其报警逻辑如图7-44所示。

SPC机柜灯报警逻辑如图7-45所示。

PDC机柜灯报警逻辑如图7-46所示。

7.6.3.2 安全控制显示站报警指示方案

SCIS由SCID、FNU、FOM等独立设备构成，安装在盘台上，本地报警指示通过SCID自身显示屏实现，机柜灯不再适用。

HM Data Bus的FNU、FOM模块及相关通信故障的诊断信息传输路径如图7-47所示。

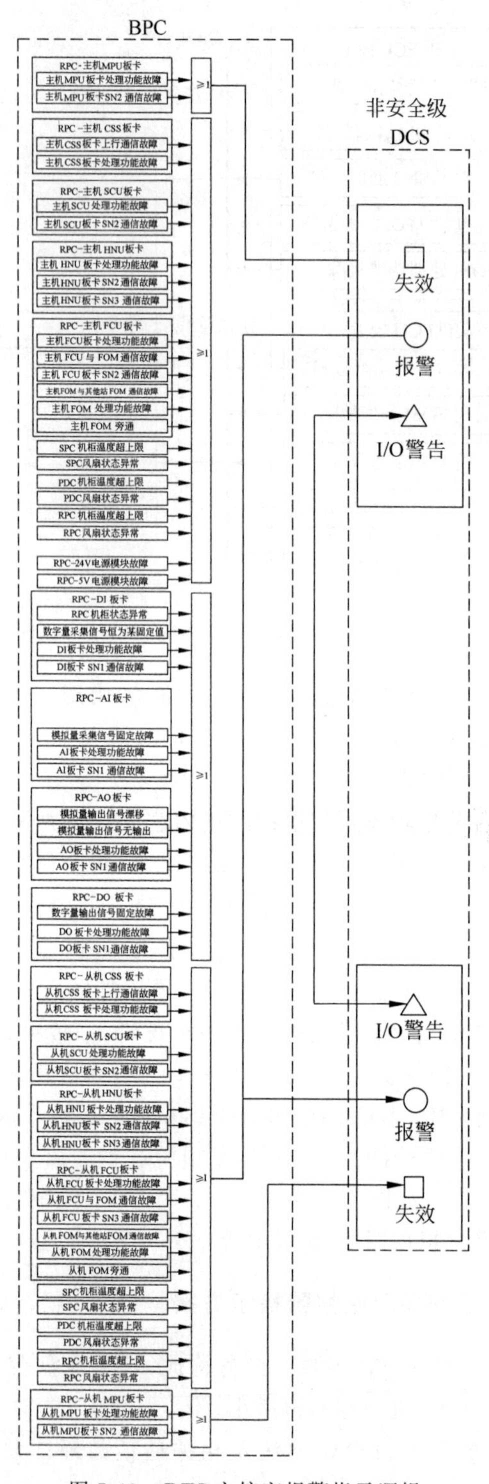

图 7-43　RTS 主控室报警指示逻辑

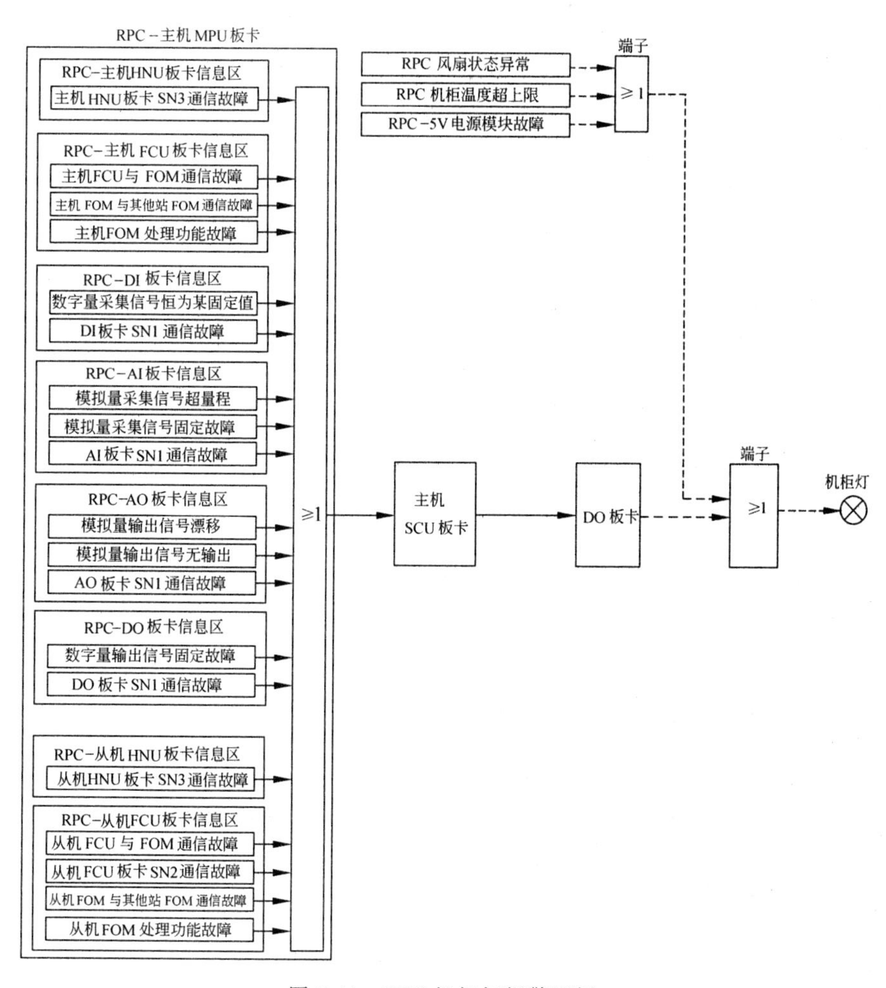

图7-44　RPC机柜灯报警逻辑

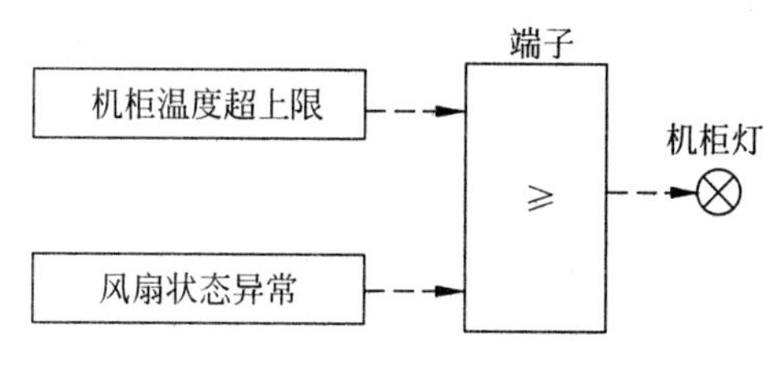

图7-45　SPC机柜灯报警逻辑

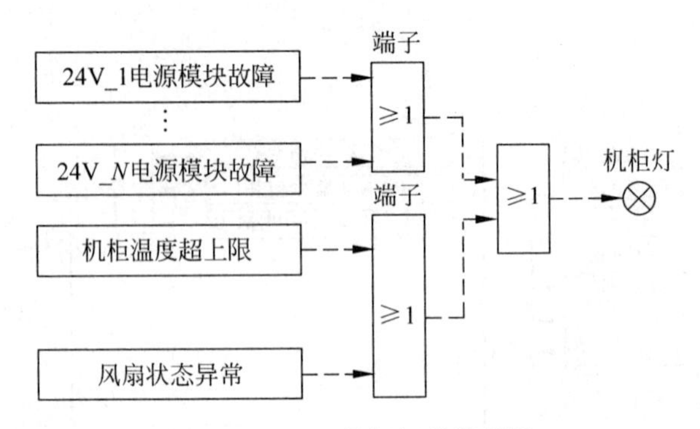

图 7-46　PDC 机柜灯报警逻辑

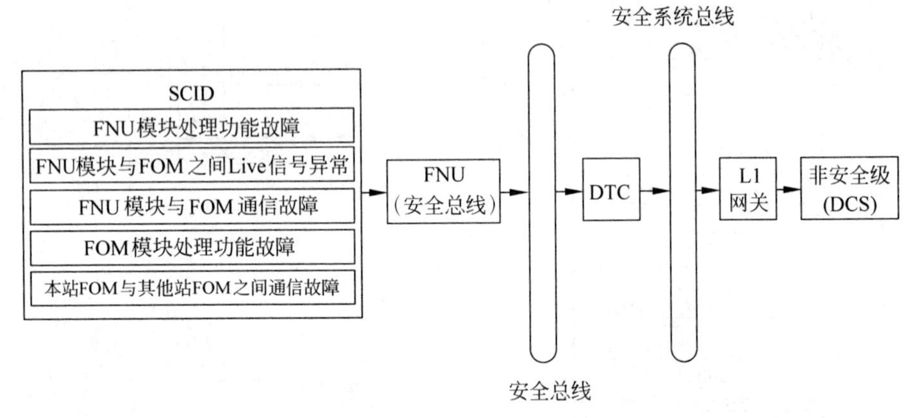

图 7-47　HM Data Bus 的 FNU、FOM 模块及相关通信故障诊断信息传输路径

SCID 故障诊断信息传输路径如图 7-48 所示。

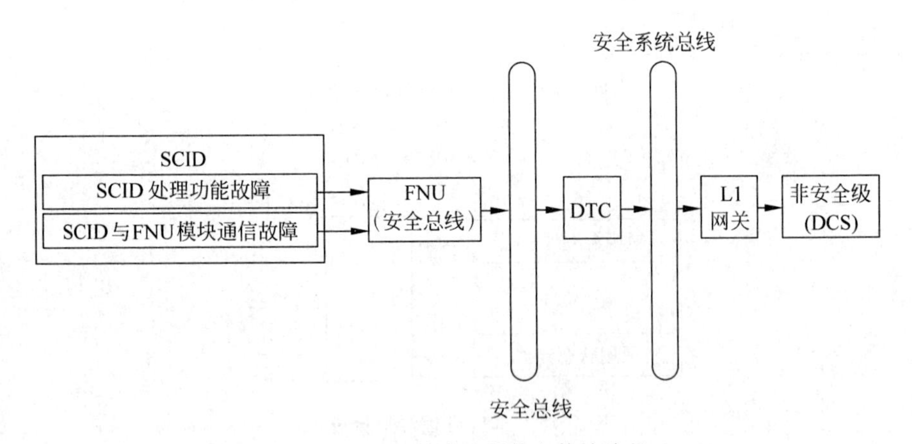

图 7-48　SCID 故障诊断信息传输路径

安全总线的FNU、FOM模块及相关通信故障的诊断信息传输路径如图7-49所示。

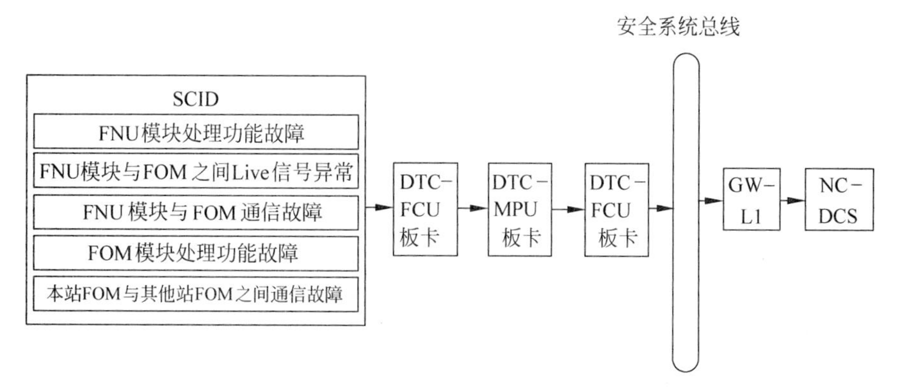

图7-49 安全总线的FNU、FOM模块及相关通信故障诊断信息传输路径

SCIS分为A列、B列，每一序列中，OWP、BUP和RSS分别安装4套、2套和2套SCIS，每一套SCIS送出一组故障报警点，则RPS所有SCIS总共送出16组报警信息。SCIS主控室报警指示逻辑如图7-50所示。

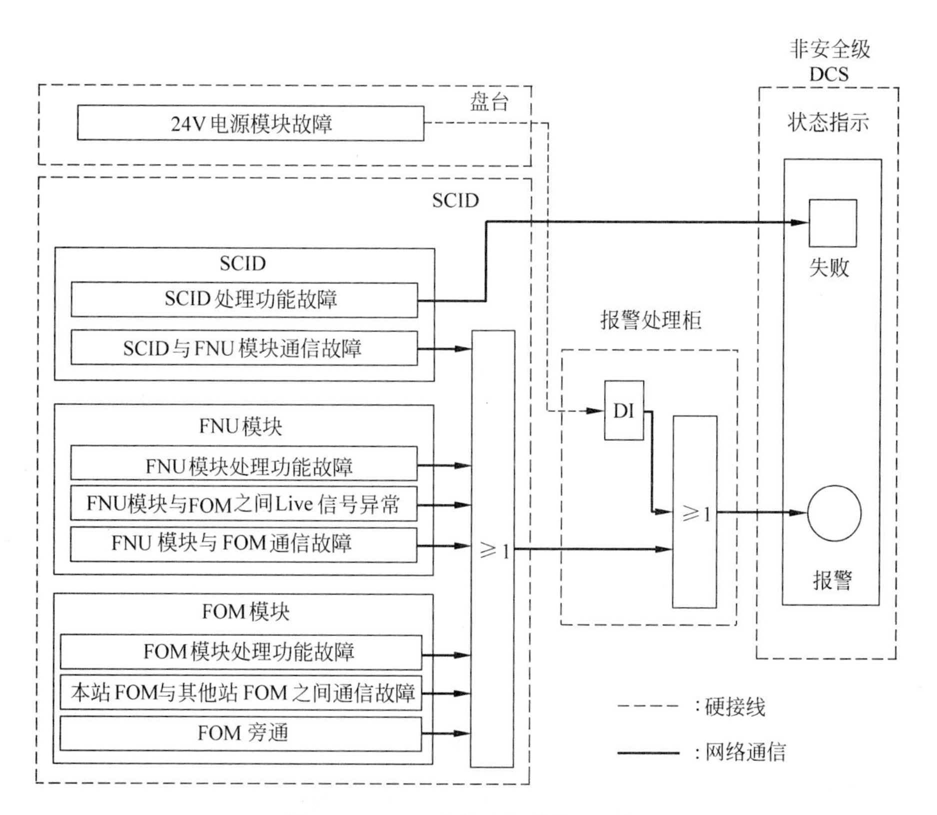

图7-50 SCIS主控室报警指示逻辑

每个 SCID 的 24V 电源故障信息(Alarm 类)由 APC 系统的 DI 模块采集,因盘台和 APC 都属于 NC,不考虑继电器隔离。

SCID 的处理功能故障信息(Failure 类)经 DTC、GW-L1 送往非安全级 DCS。

除 SCID 处理功能故障信息之外,SCID 通信类故障诊断信息(Alarm 类)经 DTC 送至 APC。

SCID 的 24V 电源模块的故障信息,在 APC 与 SCID 通信类故障信息取逻辑或,再送给非安全级 DCS。

图 7-50 所示为通信链路正常时的报警指示逻辑,当传输路径中任一通信链路中断导致报警信息(Failure、Alarm 或 I/O Warning)无法正常传输时,相应报警信息的数据质量位将置为坏,非安全级 DCS 报出相应的故障等级。

诊断信息通过故障码和诊断信息页面两种方式进行显示,这两种显示方式与 SCID 故障等级有关,具体原则如下:

(1) 当 SCID 正常运行时,屏幕右下角无故障码,维护人员可以通过触屏操作调出诊断信息页面,查看设备运行状态;

(2) 当 SCID 发生 Alarm 类故障时,SCID 屏幕可操作,屏幕右下角无故障码,维护人员可通过触屏操作调出诊断信息页面,确定具体故障模式;

(3) 当 SCID 发生 Failure 类故障时,SCID 屏幕不可操作,屏幕右下角显示一串故障码,维护人员可根据用户手册查询该故障码所代表的故障模式;

(4) 一旦 SCID 发生异常,无论是 Failure 类故障或是 Alarm 类故障,SCID 屏幕上方的状态显示区均呈现红色持续显示。

下面将具体介绍故障码和诊断信息页面这两种显示方式。

当 SCID 发生严重故障后,SCID 进入故障处理状态,触摸屏不可操作,显示屏右下角显示一个形式为“1 位大写字母+3 位阿拉伯数字”的故障码,故障码的具体含义可在相应手册中查阅,具体如图 7-51 所示。

当 SCID 发生一般故障而非严重故障时,SCID 未进入故障处理状态,触摸屏可操作,维护人员可以根据导航按钮调出诊断信息页面。

此导航按钮名称为 SYSTEM STATUS,设置在导航按钮区,此按钮在 SCID 的各种运行模式下均可用,如图 7-52 所示。

单击诊断信息页面导航按钮后,SCID 屏幕将显示诊断信息页面,具体如图 7-53 所示,诊断信息页面分为左右两栏,左边区域为 SCID 诊断信息区,右边区域为与之连接的 FirmNet 设备诊断信息区。在诊断信息区有数量不等的信息指示条,每一个信息指示条由文本标签和信息显示区域构成,文本标签表示要指示的信息名称,信息显示区显示实时状态信息。

在诊断信息页面中,左边显示 SCID 设备故障,右边显示 FNU 和 FOM 模块的故障。Network Port 1~4 显示 SCID 设备故障,其余内容显示 SCID 设备状态,Network Port 1~4 通过文本显示网络端口状态,严重故障则通过屏幕右下角的故

××××××××××××××××××××××××××××××
×××/××
Sample!
诊断页面导航按钮
SYSTEM STATUS
故障码
E199

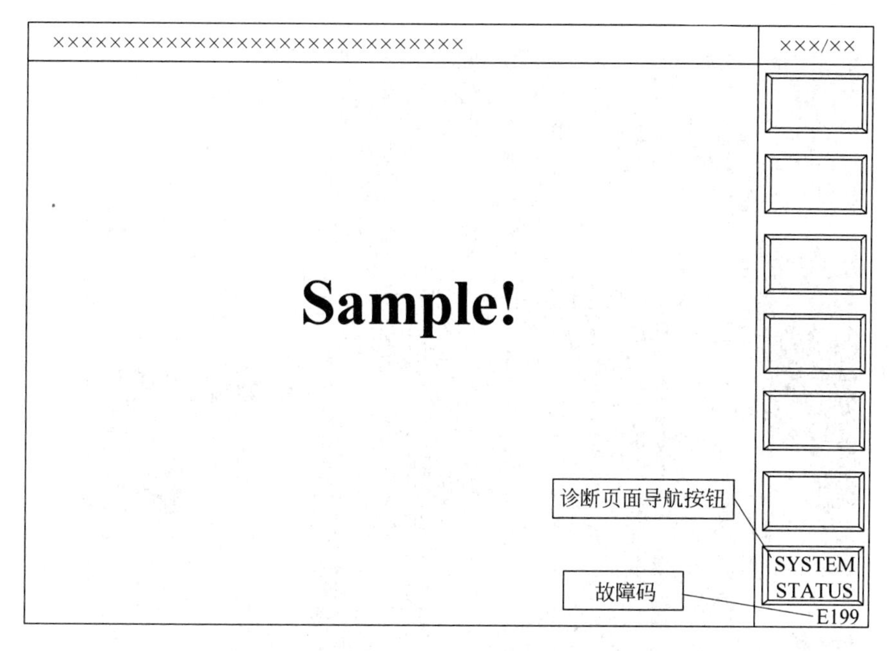

图 7-51 SCID 右下角故障码显示方式

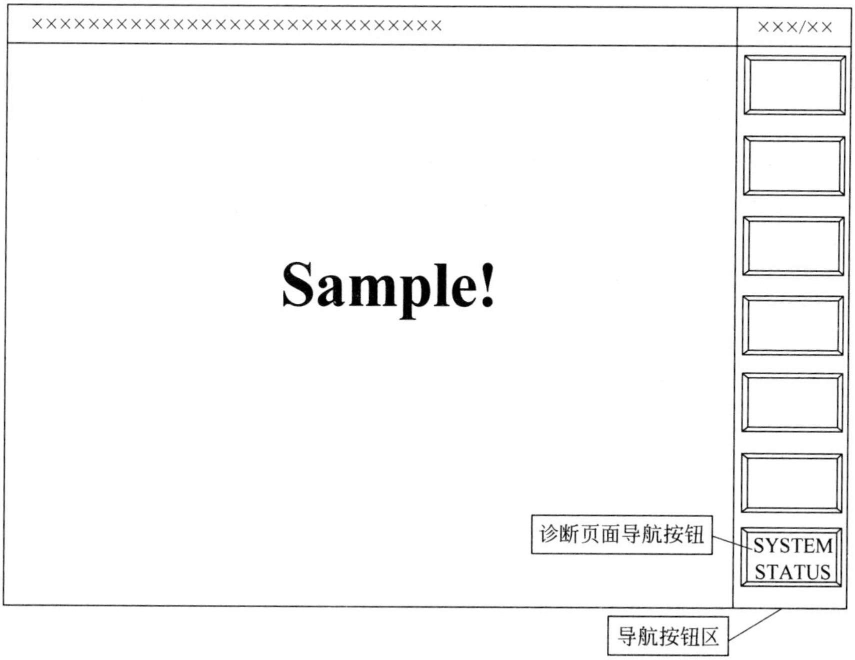

××××××××××××××××××××××××××××××
×××/××
Sample!
诊断页面导航按钮
SYSTEM STATUS
导航按钮区

图 7-52 诊断页面导航按钮示意

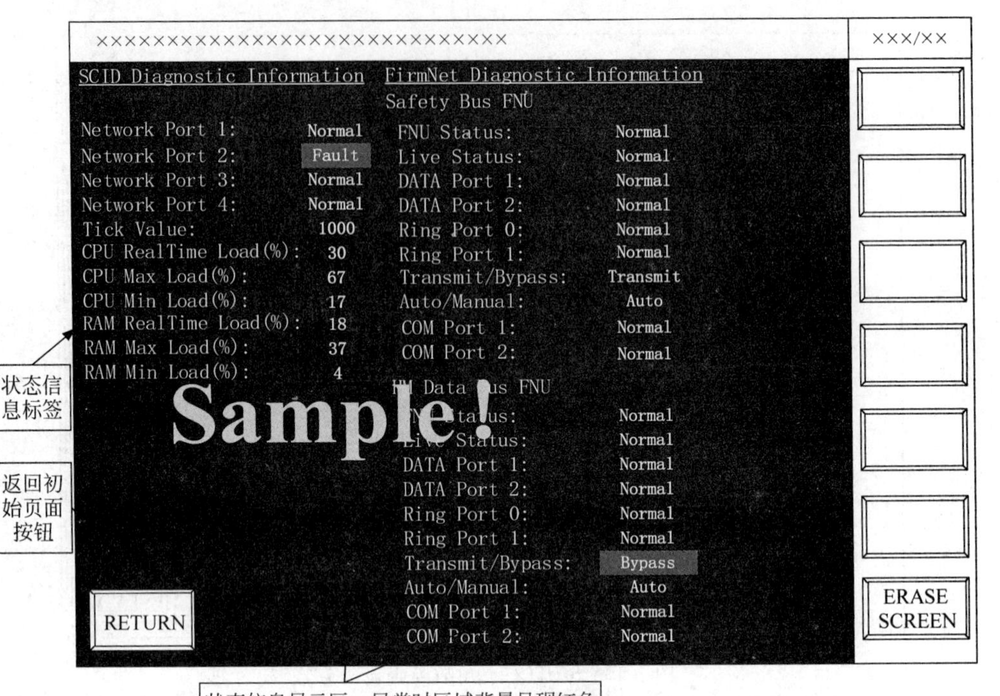

图 7-53　诊断信息页面示意

障码显示，根据故障码可通过查询手册确定故障模式。

FirmNet Diagnostic Information 区域的状态显示区通过文本显示与本 SCID 相连的 FNU 及 FOM 的设备状态、Live 状态、直连/旁通状态、手动/自动状态、DATA 1/2 端口状态、Ring 0/1 端口状态、COM 1/2 端口状态。

图 7-53 所示页面为诊断示意页面，仅展示一种设计原则，并非产品最终形态，实际产品以具体工程应用为准。

由于 FirmNet Diagnostic Information 的信息是通过 FNU 报给 SCID 的，为避免由于通信故障造成信息丢失导致自诊断页面出现错误的指示，当 SCID 网络端口(Network Port)诊断到故障时，SCID 将不再信任来自该端口的信息，自诊断页面上该端口所对应的信息(Data Port)将置为 Fault，具体见表 7-19。

表 7-19　诊断页面指示原则

SCID 端口状态		FNU 端口状态		
Network Port 1 正常	Network Pork 2 正常	Data Port 1 正常	Data Port 2 正常	其余 FNU 指示信息依据 Data Port 1 上报过来的值进行指示

续表

SCID 端口状态		FNU 端口状态		
Network Port 1 故障	Network Pork 2 正常	Data Port 1 故障	Data Port 2 正常	其余 FNU 指示信息依据 Data Port 2 上报过来的值进行指示
Network Port 1 正常	Network Pork 2 故障	Data Port 1 正常	Data Port 2 故障	其余 FNU 指示信息依据 Data Port 1 上报过来的值进行指示
Network Port 1 故障	Network Pork 2 故障	安全总线 FNU 或 HM Data Bus FNU 所有的指示信息均为“×××”,同时显示红框,表明来自于 FNU 的所有信息均不可信		

7.6.3.3 网关站报警指示方案

由于网关柜中没有 I/O 板卡,故需要通过 APC 才能实现网关柜的异常状态和 24V 电源的监视,具体内容如图 7-54 所示。

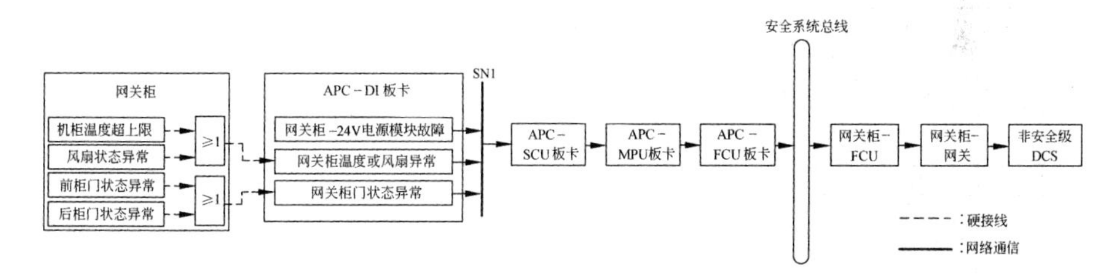

图 7-54　网关站 24V 电源模块、机柜异常状态信息传输路径

非网关模块诊断信息传输路径如图 7-55 所示。

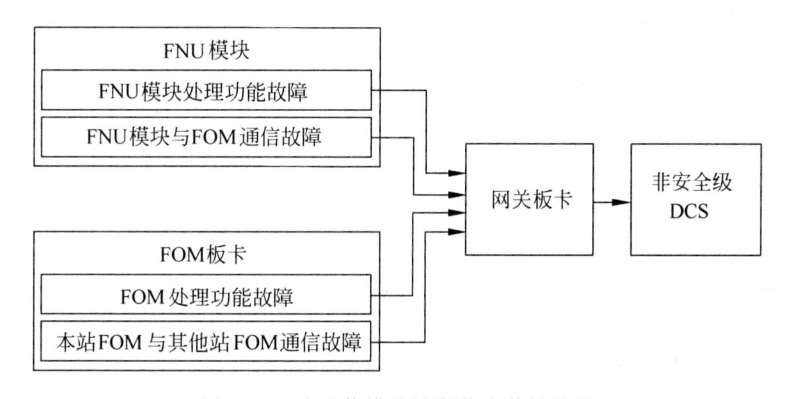

图 7-55　非通信模块诊断信息传输路径

网关板卡诊断信息传输路径如图 7-56 所示。

为保证 GW-L1(1E)状态在非安全级 DCS 显示的完整性,每个网关均应将自

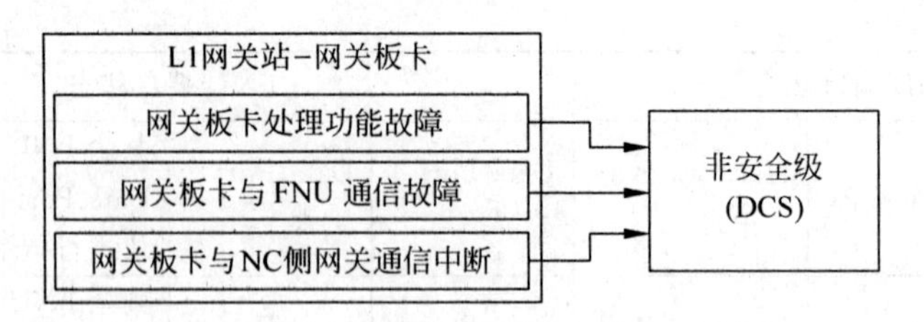

图 7-56 网关板卡诊断信息传输路径

己的自诊断信息通过安全系统总线送至另外的网关中，每个网关均将两个网关的自诊断信息送至非安全级 DCS。

机柜异常状态信息和电源故障信息通过机柜灯进行报警指示，如图 7-57 所示。

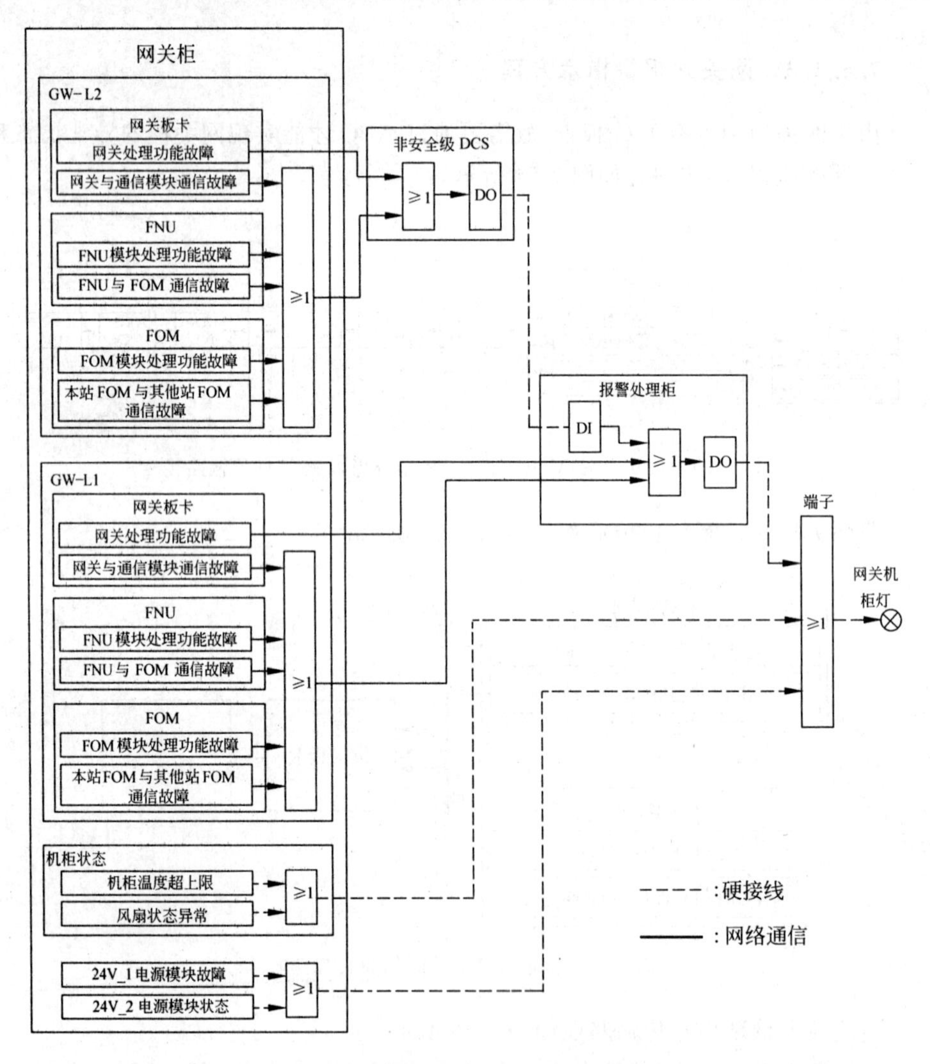

图 7-57 网关站机柜灯报警指示逻辑

7.7 故障插入测试验证

阳江 5 号机 RPS 平台故障诊断功能和应用故障诊断功能设计完成后，将进行故障插入测试，以验证故障诊断功能的正确性。测试内容有两项：

(1) 故障插入后，通过报警指示信息，验证和睦系统自诊断功能是否能够准确指示故障；

(2) 在(1)的基础上，开展故障恢复工作，并记录从故障发生到系统恢复正常所需时间，与未配置机柜状态监视屏的故障定位时间对比，验证和睦系统现有自诊断功能方案能否提升维修性。

以停堆保护子系统控制站为例，搭建厂内实测环境，如图 7-58 所示。

(a) 和睦系统故障诊断功能验证样机外观

(b) 和睦系统故障诊断功能验证样机柜内设备

图 7-58 和睦系统故障插入测试验证样机

基于和睦系统自诊断功能设计基准清单，剔除类似项，选定典型的异常状态作为故障插入测试项，如表 7-20 所示。

表 7-20 和睦系统现场控制站故障诊断功能测试项

序号	故障模式	对应插入故障测试用例
1	AI 处理功能故障	修改处理芯片固件，运行 1min 进入模块故障处理状态
2	DO 通信功能故障	正常运行中，拔掉通信线
3	SCU 处理功能故障	修改处理芯片固件，运行 1min 进入模块故障处理状态
4	HNU 处理功能故障	修改处理芯片固件，运行 1min 进入模块故障处理状态
5	FCU 处理功能故障	修改处理芯片固件，运行 1min 进入模块故障处理状态
6	MPU 处理功能故障	修改处理芯片固件，运行 1min 进入模块故障处理状态

基于表 7-20 给出的故障插入测试方式，修改和睦系统相应模块的固件，开始执行测试，具体结果如表 7-21 所示。

表 7-21 和睦系统现场控制站自诊断功能测试结果

序号	故障模式	插入故障用例	自诊断功能表现
1	模拟量输入模块处理功能故障	修改处理芯片固件，运行 1min 进入模块故障处理状态	远程指示：有 机柜灯指示：有 板卡指示：有 维护工具：有
2	数字量输出模块通信功能故障	正常运行中，拔掉通信线	远程指示：有 机柜灯指示：有 板卡指示：有 维护工具：有
3	I/O 通信模块故障	修改处理芯片固件，运行 1min 进入模块故障处理状态	远程指示：有 机柜灯指示：有 板卡指示：有 维护工具：有
4	点对点通信功能模块故障	修改处理芯片固件，运行 1min 进入模块故障处理状态	远程指示：有 机柜灯指示：有 板卡指示：有 维护工具：有
5	多节点通信功能模块故障	修改处理芯片固件，运行 1min 进入模块故障处理状态	远程指示：有 机柜灯指示：有 板卡指示：有 维护工具：有
6	主处理功能模块故障	修改处理芯片固件，运行 1min 进入模块故障处理状态	远程指示：有 机柜灯指示：有 板卡指示：有 维护工具：有

根据表 7-21 的测试结果可知，所有的异常发生后，和睦系统的诊断功能均能实现实时准确的报警指示。

参照停堆保护子系统控制站的方式，广利核公司在和睦系统出厂前，针对所有现场应用的典型站均搭建了故障插入测试样机，由监管方、业主、工程公司和广利核公司共同见证了故障插入测试，测试结果满足要求。和睦系统于 2017 年顺利出厂，2018 年 7 月正式商运，运行至今，当现场发生故障后，和睦系统均做到了准确指示故障现象、不漏报。

参考文献

[1] Institute of Electrical and Electronics Engineering. IEEE Standard Reliability Program for the Development and Production of Electronic Products：IEEE 1332—2012[S]. NewYork：IEEE，2012：6-15.

[2] Institute of Electrical and Electronics Engineering. IEEE Standard for Organizational Reliability Capability：IEEE 1624-2008[S]. NewYork：IEEE，2008：30-40.

[3] International Electrotechnical Commission. Nuclear power plants-Instrumentation and control important to safety-General requirements for systems：IEC 61513—2011[S]. Geneva：International Electrotechnical Commission，2011：76-80.

[4] International Electrotechnical Commission. Functional safety of electrical/electronic/programmable electronic safety-related systems. Part 1：General requirements：IEC 61508-1—2010[S]. Geneva：International Electrotechnical Commission，2010：55-56.

[5] International Electrotechnical Commission. Functional safety of electrical/electronic/programmable electronic safety-related systems. Part 2：Requirements for electrical/electronic/programmable electronic safety related systems：IEC 61508-2 -2010[S]. Geneva：International Electrotechnical Commission，2010：15-40.

[6] International Electrotechnical Commission. Functional safety of electrical/electronic/programmable electronic safety-related systems. Part 3：Software requirements：IEC 61508-3-2010[S]. Geneva：International Electrotechnical Commission，2010：20-36.

[7] 杜恩祥，王玮，常雷. 基于FMECA的装备健康状态评估方法[J]. 装甲兵工程学院学报，2013(02)：25-28.

[8] 王亮，吕卫民，李伟，等. 复杂系统健康状态评估技术现状及发展[J]. 计算机测量与控制，2013，21(4)：830-834.

[9] 温熙森，胡政. 可测试性技术的现状与未来[J]. 测控技术，2000，19(1)：9-12.

[10] 蒋超利，吴旭升，等. 机内测试技术与虚警抑制策略研究综述[J]. 计算机测量与控制，2018，26(11)：1-6.

[11] 石君友，纪超，等. 测试性验证技术与应用现状分析[J]. 测控技术，2012，31(5)：29-44.

[12] 马云，刘东风. 面向综合诊断的电子装备测试性研究综述[J]. 中国修船，2015，28(4)：25-28.

[13] 张勇，邱静，等. 测试性模型对比及展望[J]. 测试技术学报，2011，25(6)：504-514.

[14] 石君友，等. 测试性设计分析与验证[M]. 北京：国防工业出版社，2011.

[15] 邓森，景博. 基于测试性的电子系统综合诊断与故障预测方法综述[J]. 控制与决策，2013，28(5)：641-649.

[16] 李岳，崔利荣. 测试性技术的发展综述[J]. 国防技术基础，2015(09)：8-12.

[17] 石君友，田仲. 故障诊断策略的优化方法[J]. 航空学报，2003，24(3)：212-215.

[18] 田仲. 用优选测试点的方法确定最优诊断步骤[J]. 测控技术，1995，14(4)：12-14.

[19] 武庄，何新贵. 用遗传规划法确定最佳故障隔离策略[J]. 兵工学报，2000，21(4)：343-345.

[20] DENG S，JING B，et al. Test point selection strategy under unreliable test based on

heuristic particle swarm optimization[C]. Prognostic System Health Management Conf. Beijing：2012：84-85.

[21] 韩庆田，卢洪义. 军用装备测试性技术发展趋势分析[J]. 仪器仪表学报，2006，27(6)：352-354.

[22] 王勇. 机内测试技术的发展与应用[J]. 飞航导弹，2011(2)：24-27.

[23] 徐永成，温熙森，易晓山，等. 机内测试技术发展趋势分析[J]. 测控技术，2001，8(2)：1-4.

[24] 向荫，江丰. 装备测试性验证技术综述[J]. 电子产品可靠性与环境试验，2016，34(2)：65-70.

[25] 杨金鹏，连光耀. 装备测试性验证技术研究现状及发展趋势[J]. 现代防御技术，2018，46(2)：186-192.

[26] 胡泊，常少莉. 基于 TEAMS 的测试性仿真技术与应用研究[J]. 计算机测量与控制，2013，21(6)：1434-1436.

[27] 张叔农，谢劲松，康锐. 电子产品健康监控和故障预测技术框架[J]. 测控技术，2007(2)：12-16.

[28] 孙博，康锐，张叔农. 基于特征参数趋势进化的故障诊断和预测方法[J]. 航空学报，2008，29(2)：393-398.

[29] 孙博，赵宇，黄伟，等. 电子产品健康监测和故障预测方法的案例研究[J]. 系统工程与电子技术，2007，29(6)：1012-1016.

[30] WILKINSON C，HUMPH R D，VEMEIRE B，et al. Prognostic and health management for avionics：2004 IEEE Aerospace Conference Proceedings[C]. NewYork：IEEE，2004，5：3435-3447.

[31] 彭宇，刘大同，彭喜元. 故障预测与健康管理技术综述[J]. 电子测量与仪器学报，2010，24(1)：1-9.

[32] 孙博，康锐，谢劲松. 故障预测与健康管理系统研究和应用现状综述[J]. 系统工程与电子技术，2007，29(10)：10822-10825.

[33] 吕琛，马剑，王自力. PHM 技术国内外发展情况综述[J]. 计算机测量与控制，2016，24(9)：1-4.

[34] WANG T，YU J，SIEGEL D，et al. A similarity-based prognostics approach for remaining useful life estimation of engineered systems：Prognostics and health management，2008[C]. NewYork：IEEE，2008：1-6.

[35] 景博，汤巍，黄以锋，等. 故障预测与健康管理系统相关标准综述[J]. 电子测量与仪器学报，2004，28(12)：1301-1307.

[36] International Organization for Standardization. Condition monitoring and diagnostics of machines-data processing，communications and presentation. Part 1：General guidelines：ISO 13374-1：2003[S]. Geneva：International Organization for Standardization，2003：16-30.

[37] International Organization for Standardization. Condition monitoring and diagnostics of machines—Data processing，communications and presentation. Part2：data processing：ISO 13374-2：2007[S]. Geneva：International Organization for Standardization，2007：25-29.

[38] International Organization for Standardization. Condition monitoring and diagnostics of

machines—Data processing, communications and presentation. Part 3: communication: ISO 13374-3: 2012[S]. Geneva: International Organization for Standardization, 2012: 48-60.

[39] International Organization for Standardization. Condition monitoring and diagnostics of machines—Data interpretation and diagnostics techniques. Part 1: General guidelines: ISO 13379-1: 2012[S]. Geneva: International Organization for Standardization, 2012: 15-20.

[40] International Organization for Standardization. Condition monitoring and diagnostics of machines—Data interpretation and diagnostics techniques. Part 2: Data-driven applications: ISO 13379-2: 2012 [S]. Geneva: International Organization for Standardization, 2012: 8-10.

[41] International Organization for Standardization. Condition monitoring and diagnostics of machines—General guidelines: ISO 17359-2018 [S]. Geneva: International Organization for Standardization, 2018: 35-41.

[42] IEEE Std 1856-2017. IEEE Standard Framework for Prognostics and Health Management of Electronic Systems [S]. Piscataway, New Jersey: IEEE Standards Association Press, 2017.

[43] Institute of Electrical and Electronics Engineering. IEEE Standard Framework for Prognostics and Health Management of Electronic Systems: IEEE 1856—2017[S]. NewYork: IEEE, 2017: 19-22.

[44] JARDINE A, LIN D, BANJEVIC D. A review on machinery diagnostics and prognostics implementing condition based maintenance [J]. MS&SP, 2006(20): 1483-1510.

[45] GOYAL D, PABLA B S. Condition based maintenance of machine tools—A review [J]. CIRP Journal Of Manufacturing Science and Technology, 2015(10): 24-35.

[46] WANG W,SCARF P A, SMITH M A J. On the application of a model of condition-based maintenance[J]. Journal of the Operational Research Society, 2000,51: 1218-1227.

[47] PAN M -C, SAS P, VAN BRUSSEL H. Machine condition monitoring using signal classification techniques [J]. Journal of Vibration and Control, 2003(9): 1103-1120.

[48] YAN J, KOC M, LEE J. A prognostic algorithm for machine performance assessment and its application [J]. Production Planning and Control, 2004(15): 796-801.

[49] BENNANE A, YACOUT S. New data processing tool for diagnosis and prognosis in condition-based maintenance [J]. J Intell Manuf, 2012, 23(2): 265-275.

[50] 国家能源局. 核电厂可靠性数据交换通用导则: NB/T 20135—2012[S]. 北京: 核工业标准化研究所, 2012: 3-7.

[51] 中国人民解放军总装备部. 故障模式、影响及危害性分析指南:GJB/Z 1391—2006[S]. 北京:总装备部军标出版发行部, 2006: 45-50.

[52] 中华人民共和国国家质量监督检验检疫总局,中国国家标准化管理委员会. 可信性分析技术事件树分析(ETA): GB/T 37080—2018[S]. 北京: 中国标准出版社, 2018: 15-16.

[53] 中华人民共和国国家质量监督检验检疫总局,中国国家标准化管理委员会. 信息安全技术工业控制系统风险评估实施指南:GB/T 36466—2018[S]. 北京:中国标准出版社, 2018: 20-21.

[54] 祝旭. 故障诊断及预测性维护在智能制造中的应用[J]. 自动化仪表, 2019, 40(7):

66-69.

[55] 朱斌，陈龙，强韬，等. 美军 F-35 战斗机 PHM 体系结构分析[J]. 计算机测量与控制，2015，23(1)：1-3.

[56] 张宝珍. 国外综合诊断、预测与健康管理技术的发展及应用[J]. 计算机测量与控制，2008，16(5)：591-594.

[57] 徐长宝，庄晨，蒋宏图. 智能变电站二次设备状态监测技术研究[J]. 电力系统保护与控制，2015，43(7)：127-131.

[58] BENEDETTINI O，BAINES T S，LIGHTFOOT H W，et al. State-of-the-art in integrated vehicle health management [J]. Proceedings of the Institution of Mechanical Engineer，Part G. Journal of Aerospace Engineering，2008，223(2)：157-170.

[59] VENKATASUBRAMANIAN V，RENGASWAMY R，KAVURI S N，et al. A review of process fault detection and diagnosis，Part Ⅲ：Process history-based methods [J]. Computers & Chemical Engineering，2003，27(3)：327-346.

[60] SAXENA A，CELAYA J，SAHA B，et al. Metrics for offline evaluation of prognostic Performance [J]. International Journal of Prognostics and Health Management，2010，1(1)：1-20.

[61] 刘强，柴天佑，秦泗钊，等. 基于数据和知识的工业过程监视及故障诊断综述[J]. 控制与决策，2010，25(6)：801-807.

[62] 曾声奎，PECHT M G，吴际. 故障预测与健康管理(PHM)技术的现状与发展[J]. 航空学报，2005，26(5)：26-30.

[63] 吕克洪，程先哲，李华康，等. 电子设备故障预测与健康管理技术发展新动态[J]. 航空学报，2019，40(11)：13-24.

[64] 吕克洪. 基于时间应力分析的 BIT 降虚警与故障预测技术研究[D]. 长沙：国防科学技术大学，2008.

[65] LIU D，PANG J，ZHOU J，et al. Prognostics for state of health estimation of lithium-ion batteries based on combination Gaussian process functional regression [J]. Microelectronics Reliability，2013，53(6)：832-839.

[66] KWON D，AZARIAN M H，PECHT M. Remaining-life prediction of solder joints using RF impedance analysis and Gaussian process regression [J]. IEEE Transactions on Components，Packaging and Manufacturing Technology，2015，5(11)：1602-1609.

[67] CUI Y，SHI J，WANG Z. Quantum assimilation-based state-of-health assessment and remaining useful life estimation for electronic systems [J]. IEEE Transactions on Industrial Electronics，2015，63(4)：2379-2390.

[68] HU Y，SHI P，LI H. Health condition assessment of base-Plate solder for multi-Chip IGBT module in wind power converter [J]. IEEE Access，2019(7)：72134-72142.

[69] VASAN A，PECHT M G. Electronic circuit health estimation through kernel learning [J]. IEEE Transactions on Industrial Electronics，2017，65(2)：1585-1594.

[70] 薛东风，叶继坤. 基于 HMM 的电子设备健康状态评估方法[J]. 现代防御技术，2013，41(2)：187-191.

[71] ZHAO S，MAKIS V，CHEN S，et al. Health evaluation method for degrading systems subject to dependent competing risks [J]. Journal of Systems Engineering and Electronics，2018，29(2)：436-444.

[72] 和麟,雷偲凡,刘洋. 基于距离量度和健康指数的电子设备健康评估方法[J]. 计算机测量与控制, 2017(10): 294-297.

[73] MONTANARI G C, HEBNER R, MORSHUIS P. An approach to insulation condition monitoring and life assessment in emerging electrical environments [J]. IEEE Transactions on Power Delivery, 2019,34(4): 1357-1364.

[74] 沈亲沐. 振动环境中电连接器间歇故障机理与诊断技术研究[D]. 长沙: 国防科技大学, 2016.

[75] 李乾. 电连接器间歇故障复现与评估关键技术研究[D]. 长沙: 国防科技大学, 2018.

[76] 彭振云,刘建, 高毅. 数据驱动的常态化设备健康状态评估服务模式[J]. 机电产品开发与创新, 2019, 32(5): 1-3.

[77] 解爽. 基于失效物理与数据驱动融合的电子产品寿命预测方法研究[D]. 北京: 北京航空航天大学, 2012.

[78] 李晗, 肖德云. 基于数据驱动的故障诊断方法综述[J]. 控制与决策, 2011, 26(1): 1-10.

[79] HYO-SUNG A, CHEN Y Q, MOORE K L. Iterative learning control: Brief survey and categorization [J]. IEEE Transactions on Systems, Man, and Cybernetics, Part C: Applications and Reviews, 2007, 37(6): 1099-1121.

[80] 叶卫东, 张金盛. 运用层次分析法对计算机健康状态评估[J]. 微计算机信息(测控自动化), 2009, 25(7): 216-217, 237.

[81] 吴莉琳,蔡玉广. 层式信息融合在变压器状态评估中的应用[J]. 广东电力, 2007(2): 29-32.

[82] 赵文清,朱永利,姜波,等. 基于贝叶斯网络的电力变压器状态评估[J]. 高压电技术. 2008, 34(5): 1032-1039.

[83] 林彬, 宋东, 和麟. 基于马氏距离与组距估计的复杂系统健康评估[J]. 仪器仪表学报, 2016, 37(9): 2022-2028.

[84] 和麟, 雷偲凡, 刘洋. 基于距离量度和健康指数的电子设备健康评估方法[J]. 计算机测量与控制, 2017(10): 294-297.